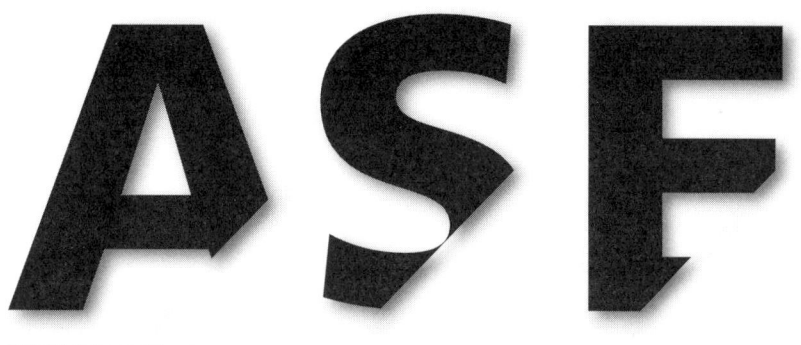

수입 자동차 정비 자격 수험서

정 경 원 지음

Engine Performance

머리말

최근 수입 자동차의 국내 자동차 시장 점유율이 10%를 돌파함으로서 수입자동차 정비시장의 수요도 증가 추세에 있다. 이러한 현실을 반영하듯 국내 자동차 정비사들 사이에선 미국 자동차 정비사 자격 ASE automotive service excellence의 취득에 관한 관심이 지속적으로 높아지고 있다. 그러나 처음 ASE를 준비하는 정비사들이 느끼는 가장 큰 애로사항은 '한글로 된 ASE 시험 준비서가 아직 국내에 출판된 적이 없어 시험을 어떻게 준비해야 하는지, 출제경향은 무엇인지에 대한 정보가 없다'라는 것이다. 또한 영어시험에 대한 부담감도 가장 큰 고충일 것이다.

이런 현실과 수요를 반영하여 ASE 시험에 도전하는 자동차 정비사들에게 시험합격을 위해서는 반드시 알아야 하는 고장 진단과 세부적인 정비 지식, 출제경향 그리고 영어시험에 대한 부담감 해결에 일조―助를 목적으로 이 책을 준비하게 되었다.

ASE A8 Engine Performance 시험가이드의 출제분야를 바탕으로 목차를 구성하였다. ASE 출제경향은 실제 현장에서 엔진성능 불량의 고장 원인을 진단하고, 진단하기 위해서 필요한 테스트 및 측정 그리고 수집한 데이터를 놓고 분석할 수 있는 시스템 이해력 등을 중심으로 문제가 출제된다. 따라서 본서에서는 자동차 기초 공학 설명보다는 고장진단 diagnosis 및 정비수리 repair service에 관한 출제경향에 맞추어 본문 내용을 구성하였다.

❶ **자동차 기술 영어의 이해** : 자동차 기술 영어에 대한 기본적 이해와 공식에 대한 내용을 수록하여 기초 영어실력 습득에 도움을 주고자 하였고, 자동차 기술영어는 거의 일정한 문장 패턴으로 나오기 때문에 학습하여 익숙해지면 부담없이 ASE 시험문제나 수입자동차 정비 매뉴얼을 읽을 수 있을 것이다.

❷ **본문내용** : 출제 경향에 맞추어 각 기본서 등에서 핵심사항 등을 요약 정리하였으며, 기본적으로 숙지해야 전형적인 규격 typical specification, 테스트 방법 등은 도표,

그림 등을 이용하여 정리 하였다.

❸ **리뷰 테스트** Review Test : 리뷰 테스트의 True / False를 풀어보면서 핵심사항을 복습하면서 한편으론 Technician A, Technician B 타입의 문제에 익숙할 수 있도록 하였다.

❹ **ASE style 문제** : 실전감각을 익히기 위해서 실제 출제 가능한 문제들로 구성하였다. 영어에 익숙지 않은 수험자를 위해서 단어 정리, 우리말, 설명 순서대로 수록하였다.

❺ **부록** : ASE style과 엔진 전문 용어, 그리고 기술 영어 단어를 부록으로 만들었다. 수험자가 ASE 준비를 할 때 읽을 때 일일이 사전 찾는 시간을 줄여, 공부의 편의성을 도모하고자 준비하였다.

이 책으로 ASE 취득을 도전하시는 모든 정비사들에게 도움이 되었으면 하는 바람이 간절하며, 진심으로 그 분들의 합격을 기원한다.

이 책과 관련하여 ASE 시험 국내도입추진 및 그 활성화에 선도자적 이해와 관심으로 적극적으로 도움을 주신 김길현 사장님께 먼저 감사의 말씀을 드리며, 아울러 이상호 실장님, 우병춘 국장님, 최동규 과장님, 그리고 출간에 도움을 주신 도서출판 골든벨의 모든 직원 분께도 감사의 말을 드린다.

끝으로 이 책의 원고를 쓰는 기간 내내 많은 격려와 배려를 해 주신 제 아버님, 어머님에게도 감사하다는 말씀을 드린다.

저자 정경원 올림

ASE에 대하여

National Institute for Automotive Service Excellence [ASE]

National Institute for Automotive Service Excellence는 자동차 정비 및 서비스 산업에서 자동차 정비 전문가를 검증하는 전문 검증기관이다. 실력 있는 자동차 정비사와 그렇지 못한 정비사가 구별되어지기를 원하는 소비자들의 요구에 부응하여 만들어진 독립적 비영리 단체이다. ASE는 전문가적 수준의 정비능력과 서비스를 테스트하고 검증함으로서, 자동차 정비와 서비스의 품질을 향상시키는 것을 그 목적으로 한다.

ASE Test

(승용) 자동차 정비사 자격증의 분야는 모두 8종류이다. 디젤 중장비 차량의 정비는 별개이다.

- A1 - Engine Repair [50 scored questions]
- A2 - Automatic Transmission/Transaxle [50]
- A3 - Manual Drive Train & Axles [40]
- A4 - Suspension & Steering [40]
- A5 - Brakes [45]
- A6 - Electrical/Electronic Systems [50]
- A7 - Heating & Air Conditioning [50]
- A8 - Engine Performance [50]
- A9 - Light Vehicle Diesel Engines [50, ASE Master 자격요건이 아님]

만약에 ASE 응시자가 하나 이상의 시험을 통과하고, 자동차 정비에서 최소한 2년의 실무 경력을 증명한다면 ASE 정비 자격 인증서 certificate, ASE 명찰 ASE shoulder insignia, ASE ID card를 수여 받는다. 만약 8종류의 모든 테스트를 통과하면 ASE Master 마스터 를 부여 받을 수 있다.

디플로마 diploma, 2년제 학위 과정의 자동차 정비과 Automotive service technician 학생들은 최대 1년까지 경력을 대체 부여 받을 수 있다. 단, 졸업증명서와 성적증명서를 ASE에 제출하고 승인여부를 확인 받아야 한다.

따라서 ASE에서 대체 경력 1년만 인정해 준다면 실무경력 1년만 있으면 ASE 자격 부여 받을 수 있다. 보통 미국의 고용주들은 채용 시 자동차 테크니션에 ASE 자격증을 요구한다.

ASE 웹사이트 주소: www.ase.com

본격적인 ASE 시험 준비에 앞서서……

Engine Performance Test A8

Test Specifications and Task List 테스트 사양 및 작업 목록

Content Area	Questions in Test	Percentage of Test
A. 일반 진단 General Diagnosis	12	24%
B. 점화 시스템 진단과 수리 Ignition System Diagnosis and Repair	8	16%
C. 연료, 공기 유도 및 배기 시스템 진단과 수리 Fuel, Air Induction and Exhaust Systems Diagnosis and Repair	9	18%
D. 배기가스제어 시스템 진단과 수리(OBD II 포함) Emissions Control Systems Diagnosis and Repair(Including OBD II) 1. PCV 시스템 　Positive Crankcase Ventilation(1) 2. 배기재순환 　Exhaust Gas Recirculation(2) 3. 2차 공기 도입과 촉매 변환기 　Secondary Air Injection(AIR) and Catalytic Converter(2) 4. 증발 가스 제어 　Evaporative Emissions Controls(3)	8	16%
E. 전자화된 엔진 제어 진단과 수리(OBD II 포함) Computerized Engine Controls Diagnosis and Repair(Including OBD II)	13	26%
Total	50	100%

** 참고로 컴퓨터 시험에서는 50문제 이상으로 출제될 수도 있다. 그러나 시험결과는 50문제를 기준으로 평가 계산한다. ASE에서 시험난이도에 따른 응시자 정답률 자료를 수집하기 위해서라고 한다. 어떤 문제가 자료 수집을 위한 문제인지는 시험 중에는 알 수 없다.

시험결과가 70% 이상이면 패스 pass이므로 계산상 35개 이상 맞아야 한다. 물론 모든 엔진 성능 시스템에 자신이 있으면 좋겠지만, 그렇지 못하다면 다음과

같이 조언하고 싶다.

응시자는 6가지 출제 분야에서 자신이 가장 자신 있는 부분에 먼저 집중적으로 공부해 기본점수를 확실히 만들어 놓는다. 예를 들면 B. 점화 시스템 진단과 수리에 자신이 있으면 이 부분부터 먼저 공부를 시작한다.

ASE에서 배포하는 출제가이드 중심으로 기본서를 집중적으로 열심히 공부해 내공을 쌓아서, 이 부분에서 고득점을 얻도록 계획을 세운다. 소기의 목적을 달성하면 그 다음으로 자신 있는 부분을 선택해 동일한 방법으로 반복한다.

상기와 같이 권하는 이유는 주로 출제되는 문제가 시험자의 지식을 물어보는 것이 아니라 시험자의 지식을 바탕으로 한 고장진단 원인과 그 결과의 현상을 찾는 것이라 결국에는 시험자의 판단에 따라 정답을 선택하게 되므로 시험자는 자신의 내공을 깊이 쌓아야 지식, 경험, 시스템 이해 할 것이다.

주로 많이 기본서로 삼는 책들은 다음과 같다.

1. Automotive Technology : Principle, Diagnosis, and Service : James D. Halderman, Pearson Prentice Hall
2. Automotive Technology: A system approach: Jack Erjavec, Thomson Delmar learning
3. Modern Automotive Technology : James.E.Duffy, Goodheart-willcox.co
4. Automotive service : Inspection, Maintenance, Repair : Tim Giles, Cengage learning

ASE 신청 절차

❶

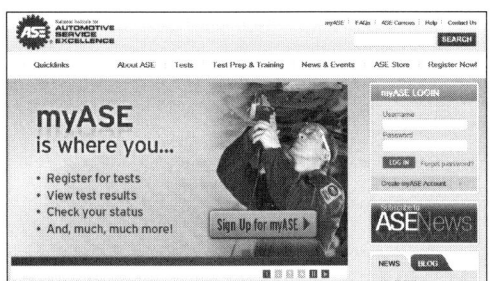

Create myASE Account
[신규 가입 등록] ✔ 클릭

❷

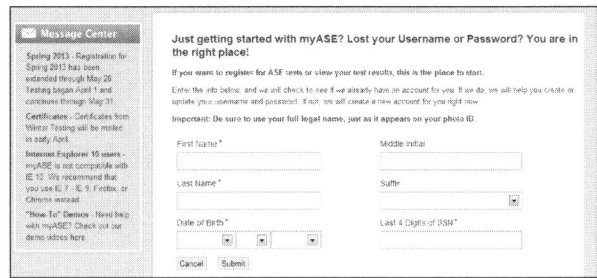

- First name* : 이름
- Middle initial : 생략 가능
- Last name* : 성
- suffix : 생략 가능
- Date of Birth* : 생년월일
- Last 4 Digits of SSN* : SSN 대신 "여권번호 끝 4자리"로 가능함.(SSN : Social Security Number 사회보장번호)

Submit 을 클릭

❸

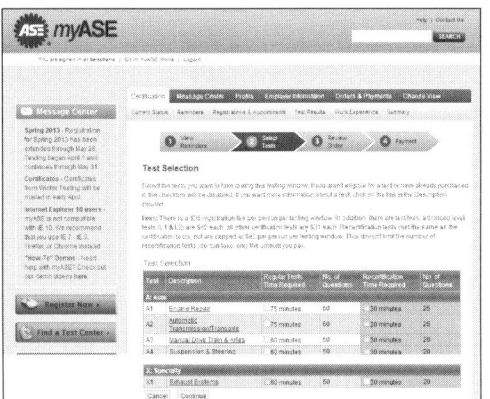

테스트를 받고자 하는 시험을 선택
Regular tests Time Required 을 클릭 후
Continue 을 클릭

❹

- what prompted you to register today?*
  금일 등록을 하게 된 동기는 무엇입니까?
- please select the category and type that best describes your current employer.
  현재 고용주를 가장 잘 설명하는 카테고리와 유형을 선택하십시오.
  - Employer category* : 고용주 카테고리 선택
  - Employer Type* : 고용주와의 유형
- Tests Ordered : 테스트 순서
- Payment status : 지불 상태
- Fees : 수수료   Continue 을 클릭

#ASE 신청 절차

❺

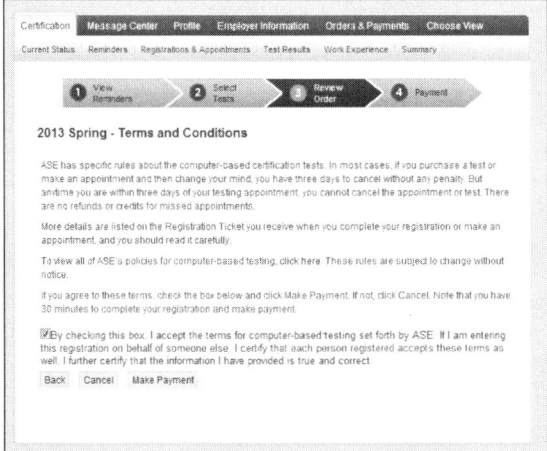

❻

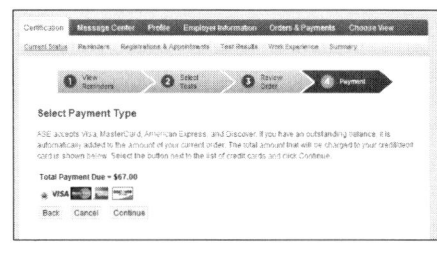

결제 유형 선택 후 을 클릭

ASE 시험에 관한 특정 규칙에 대한 설명
1. 3일 이내 취소 가능
   (테스트 받기 전 3일 내에는 취소할 수 없음, 환불이 되지 않음)
2. 받은 티켓의 주의 사항을 확인할 것
3. 컴퓨터에 저장된 ASE 정책에 대해 확인(Click here)
4. 입력한 정보가 확실한지 확인을 증명

Make Payment 을 클릭

❻

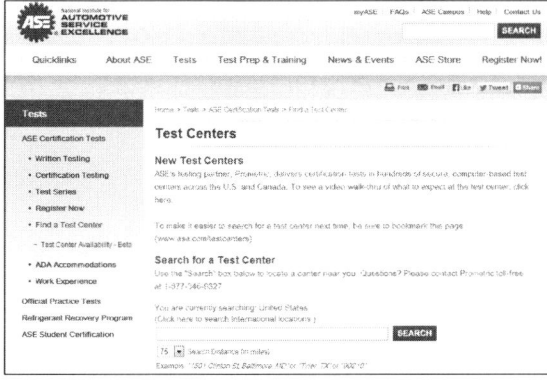

시험을 치르게 될 테스트 센터를 검색
SEARCH 을 클릭

❼

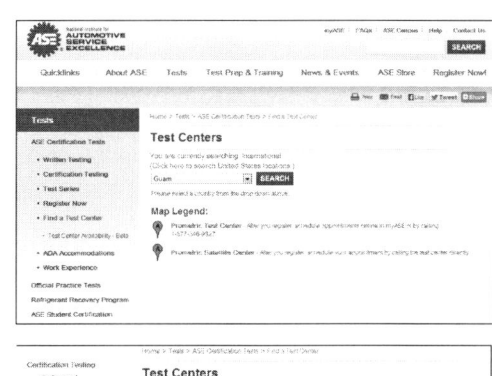

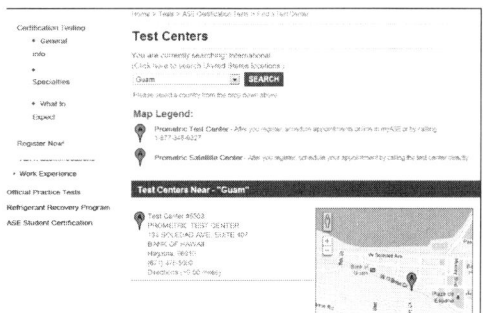

10 ASE_ *A8 엔진 퍼포먼스 편*

SSN에 관한 설명

ASE 시험 안내문에서 발췌

Bring your Photo ID with Signature

You are required to present one valid, unexpired government-issued photo ID with a signature. The name on your ID must match the name on your ASE record (shown above.) If you are testing outside of your country of citizenship. you must present a valid passport. Otherwise, you must present a valid passport, driver's license, state or national ID, or military ID. If you do not bring an acceptable ID, you will not be allowed to test and will forfeit your fees. All other personal items, including cell phones, must be placed in a locker for test security purposes, so please limit what you bring to the test center. you will be checked with a metal detector before you enter the testing room.

귀하의 사진과 서명이 있는 신분증을 가져 오십시오.

귀하는 정부가 발행한 유효하면서도 기간이 만료되지 않은 사진과 서명이 있는 신분증을 지참해야 합니다. 귀하의 신분증에 있는 이름과 ASE 기록된 이름과 반드시 일치해야 합니다.

만약 자기나라가 아닌 타국에서 시험을 응시한다면, 귀하는 유효한 여권을 지참해야 합니다.
(참고 : 미국인에 해당하는 사항이지만, 외국인도 동일하게 적용된다고 유추 해석할 수 있다.)

만약 그렇지 않으면, 유효한 여권, 미국 운전면허증, 주정부 또는 연방정부 신분증 또는 군인 신분증을 반드시 지참해야 합니다. 만약 수긍할 수 없는 신분증을 가져온다면, 귀하는 시험에 응시할 수 없으며, 시험료는 반환이 안 됩니다. 기타 모든 개인 소지품은 휴대전화기를 포함해서 시험 보안 목적으로 사물함에 보관됩니다. 따라서 시험장에 가져오는 소지품을 제한해 주십시오. 시험장에 입장하기 전 금속 탐지기로 귀하를 점검할 것입니다.

ASE Q/A에서 발췌

Do I have to provide my Social Security Number when I register?
● 등록할 때 SSN(사회보장번호)를 제공(명시)해야 합니까?

Answer : If you take written tests in 2010 or 2011, ASE will still ask for your SSN.
However, the new CBT system does not use SSNs, so they will be completely phased out by the beginning of 2012.
● 답변 : 만약 2010년 또는 2011년 페이퍼 시험을 본다면, ASE는 여전히 귀하의 SSN을 요구할 것입니다.
그러나, 새로운 CBT 시스템은 SSN을 사용하지 않습니다. 그래서 SSN은 2012년 초까지 단계적으로 완전히 배제될 것입니다.

차례

머리글 • 2
ASE에 대하여 • 4
본격적인 ASE 시험 준비에 앞서서 • 6
ASE 신청 절차 • 8
SSN에 관한 설명 • 10

UNIT 1 ─ 자동차 기술 영어의 이해

Chapter 1 자동차 기술 영어의 이해 • 16
    1. 한국어와 영어의 차이 ──────────────────── 16
    2. 기본 5형식 ────────────────────────── 17
    3. 자동차 기술 영어 공식 ─────────────────── 19

Chapter 2 SAMPLE QUESTIONS Engine Performance • 39

UNIT 2 ─ 테스트 사양 및 작업 목록

Chapter A 일반 진단 • 44
    A.1. 고장진단, 육안 검사, 주행검사 ─────────────── 44
    A.2. TSB ──────────────────────────── 47
    A.3. 노이즈 및 진동 고장진단 ───────────────── 48
    A.4. 배기가스 색깔, 냄새, 기타 노이즈 고장진단 ───────── 51
    A.5. 엔진 매니폴드 진공 테스트 ──────────────── 52
    A.6. 실린더 파워 밸런스 테스트 ──────────────── 53
    A.7. 실린더 크랭킹 압축 테스트 ──────────────── 54
    A.8. 실린더 누설 테스트 ─────────────────── 55
    A.9. 오실로스코프 등을 이용한 고장진단 ────────────── 57
    A.10. 배기가스 분석 ───────────────────── 59
    A.11. 밸브 조정 ────────────────────── 61
    A.12. 캠샤프트 타이밍 확인 ───────────────── 62
    A.13. 엔진 작동 온도, 냉각수 상태 점검, 냉각 시스템 압력 테스트 ─── 62
    A.14. 냉각 팬, 팬 클러치, 팬 컨트롤 디바이스 ──────────── 63
    A.15. 전기 회로도 해석 ─────────────────── 64

| True or False Review Question | 66 |
| ASE Style Question | 68 |

Chapter B 점화 시스템 진단과 수리 • 81

- B.1. 점화 시스템 고장에 의한 고장 진단 시동불능, 시동지연, 실화, 노크, 성능·출력부족, 연비, 배기가스 ---- 81
- B.2. DTC ---- 83
- B.3. 점화 1차 회로 및 부품 ---- 85
- B.4. 디스트리뷰터 ---- 87
- B.5. 점화 2차 회로 및 부품 ---- 89
- B.6. 점화 코일 ---- 91
- B.7. 점화 시스템 타이밍 및 점화 진각/점화 지각 ---- 92
- B.8. 점화 시스템 픽업 센서 또는 트리거 장치 ---- 93
- B.9. 점화 컨트롤 모듈/PCM ---- 94
- True or False Review Question ---- 95
- ASE Style Question ---- 97

Chapter C 연료, 공기 유도 및 배기 시스템 진단과 수리 • 107

- C.1. 연료 시스템 고장에 의한 고장 진단 시동불능, 시동지연, 실화, 노크, 성능·출력부족, 연비, 배기가스 ---- 107
- C.2. 연료 또는 흡기 계통 관련 고장 코드 DTC ---- 108
- C.3. 연료탱크, 연료탱크 캡 등 검사 ---- 109
- C.4. 연료펌프 및 어셈블리 검사 ---- 109
- C.5. 연료펌프 회로도 ---- 111
- C.6. 연료 압력 레귤레이터 ---- 112
- C.7. 스로틀 어셈블리 ---- 113
- C.8. 연료 인젝터 ---- 114
- C.9. 에어 필터 ---- 116
- C.10. 흡기 매니폴드 개스킷 불량으로 인한 진공 누설 ---- 116
- C.11. 공전 속도 점검 ---- 117
- C.12. 연료 시스템의 진공 및 전기 부품 검사, 교체 수리 ---- 118
- C.13-14. 배기 시스템 점검 및 막힘 불량 ---- 120
- C.15. 터보차저 또는 슈퍼차저 ---- 121
- True or False Review Question ---- 125
- ASE Style Question ---- 127

Chapter D 배출 제어 시스템 진단과 수리(OBD II 포함) • 137

- D.1. PCV 시스템 Positive Crankcase Ventilation 137
- D.2. Exhaust Gas Recirculation 140
- D.3. Secondary Air Injection(AIR) and Catalytic Converter 143
- D.4. Evaporative Emissions Controls 146
- True or False Review Question 150
- ASE Style Question 152

Chapter E 전자화된 엔진 제어 진단과 수리(OBD II 포함) • 162

- E.1. DTC 코드와 프리즈 프레임 데이터 162
- E.2. DTC 코드에 의한 배기가스 및 주행 불량 원인분석 164
- E.3. DTC 코드가 없는 배기가스 및 주행 불량 원인분석 167
- E.4. 스캔 툴, 디지털 멀티미터, 디지털 오실로 스코프 168
- E.5. DMM을 사용한 전압, 전압강하, 전류 및 저항 측정 및 분석 171
- E.6. 회로의 전원공급 회모 및 접지 회로 171
- E.7. 정전기에 민감한 전자 장치와 PCM 교체 시 주의사항 172
- E.8. 타 관련 시스템의 상호작용에 의한 주행성 문제 및
  배기가스 불량에 대한 고장진단 173
- E.9. 점화시기 고장으로 인한 배기가스/주행성능 불량 175
- E.10. DTC 확인 검증 176
- True or False Review Question 177
- ASE Style Question 179

UNIT 3 — 부록

- A. General Engine Diagnosis • 194
- B. Ignition System Diagnosis and Repair • 201
- C. Fuel, Air Induction, and Exhaust System Diagnosis and Repair • 206
- D. Emissions Control Systems Diagnosis and Repair • 211
- E. Computerized Engine Controls Diagnosis and Repair • 217
- ASE Style Question 정답 • 224
- Glossary • 225
- Words list • 230

UNIT 01

자동차 기술 영어의 이해

자동차 기술 영어의 이해

한국어와 영어의 차이

기본 5형식

자동차 기술 영어 공식

Sample Questions Engine Performance

Chapter 1

자동차 기술 영어의 이해

ASE 자격취득에 관심은 많지만 영어에 대한 부담감으로 주저하는 분들을 위해 조금이나마 도움을 주고자 이 글을 쓴다. 영문법, TOEFL, TOEIC 같은 어학 시험 등이 어렵지, 자동차 정비 영어 자체는 그다지 어렵지 않다.

기존의 어려운 영문법 용어는 생각하지 말고, 또 영어를 우리말로 번역 하려는 습관도 버린다면 생각보다는 쉽게 자동차 기술 영어를 익힐 수 있다. 자동차 기술 영어에서 가장 중요한 것은 **정확한 의미 파악**이고, 일정한 형식으로 **표현되는 패턴**을 숙지하는 것이다. 그럼 본격적으로 자동차 기술 영어에서 어떻게 의미를 파악하는지 설명하고자 한다.

1. 한국어와 영어의 차이

I love you에서 "나는 너를 사랑한다"를 모르는 사람은 없다. 그러면 I 나 love 사랑한다 you 너 에서 어떻게 조사 "~는, ~를"은 어떻게 나오는 것인가? 한국말은 문장에서 "~는, ~를" 등이 일일이 열거되지만 영어는 **문장의 단어 순서** 어순 에서 결정된다.

예를 들면, 한국말은 조사가 다 붙어, 순서를 뒤섞어 놓아도 의미를 파악하는데 어려움이 크지 않다.

나는	사랑한다	너를
너를	사랑한다	나는
사랑한다	나는	너를
사랑한다	너를	나는

한국어에서는 어순이 바뀌어도 "나는 너를 사랑한다." 의미를 파악할 수 있다.

한국어의 특징을 잘 이해한 후, 영어의 특징을 한번 살펴보자.

영어문장에는 "~는, ~를" 같은 조사가 없고, **문장 안에서 단어 위치에 따라 결정된다.** I love you 또는 You love me에서 You는 문장 내 위치에 따라서 "너를" 또는 "너는"이라는 의미이고 각각 어순에 따라 "~는", "~를"이 따라 붙는다.

주어	동사	목적어
I	love	you
나는	사랑한다	너를

I는 주어이므로 "~는"라는 주격조사, You는 목적어이므로 "~를"이라는 목적격 조사가 붙는다.

반면에 You love me 문장을 살펴보면

주어	동사	목적어
You	love	me
너는	사랑한다	나를

You는 주어이므로 "~는"라는 조사가 붙고, me는 목적어이므로 "~를"이라는 조사가 붙는다. 다만, 영어에서도 I가 목적어 자리에 오면 me로 구분하여 표현한다.

> 영어에는 한국말과 같이 "~는" 하고 "~를" 보이지 않는다. 따라서 문장 내에서 단어 위치를 보고 "~는" 또는 "~를" 찾는 것이 중요하다.

2. 기본 5형식

종 류	문장 구조	자동차 기술 영어에서 표현 빈도수
1형식	주어 + 동사	보통
2형식	주어 + 동사 + 보어	표현 빈도수 높음
	예) Warpage is harmful to the engine. Excessive detonation can be harmful to the engine. 등	

종 류	문장 구조	자동차 기술 영어에서 표현 빈도수
3형식	주어 + 동사 + 목적어	표현 빈도수 가장 높음
	예) Some engines use an oil cooler The oil pump can deliver much oil A leakage test / on that cylinder shows that there is too much leakage. 등	
4형식	주어 + 동사 + 간접목적어 + 직접 목적어	보통
5형식	주어 + 동사 + 목적어 + 목적격 보어	보통
	예) a sticking oil pump pressure relief valve could **make oil pressure be too high.**	

도표에서 보듯이 자동차 기술 영어에서는 2형식과 3형식이 가장 많이 사용하며, 2형식과 3형식의 문장이 혼합하여 표현하기도 한다. 예를 들면

주 어	동 사	목적어
Technician A	says	that warpage is harmful to the engine.
정비사 A는	말한다.	warpage is harmful to the engine를

전체적으로는 3형식에 해당한다.

이젠 warpage is harmful to the engine의 의미만 파악하면 된다.

주 어	동 사	보 어
Warpage	is	harmful to the engine
비틀림 변형은	이다.	엔진에 유해한
	비틀림 변형은 엔진에 유해하다.	

이 문장은 2형식 문장이다. 따라서 전체문장은 2형식을 포함하는 3형식문장이라 할 수 있다.

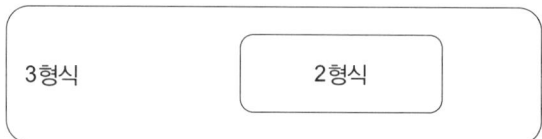

주어	동사	목적어		
		주어	동사	보어
Technician A	says	that warpage	is	harmful to the engine.
정비사 A는	말한다.	비틀림 변형은 엔진에 유해하다		

정비사 A는 비틀림 변형은 엔진에 유해하다라고 말한다.

3. 자동차 기술 영어 공식

공식 1형식 문장

주 어	(주어 수식어)	동 사	수식어(전치사구)
는	(하는)	한다	

해설 1형식 문장의 핵심 요소는 주어, 동사이고, 수식어구는 문장의 의미를 보충해 줄 뿐이다.

— The yellow ABS indicator lamp comes on when the engine is running.

주 어	동 사	수식어구
The yellow ABS indicator lamp	comes on	in a malfunctioning.
황색 ABS 지시등이	들어온다	작동불량 시

작동불량 시 황색 ABS 지시등이 들어온다.

공식 2형식 문장

주 어	be 동사	보 어
~는	이다	명사 또는 형용사

주 어	be 동사	보 어
Warpage	is	the result of overheating
비틀림 변형은	이다	오버히팅의 결과

해설 be 동사 다음에 명사가 오면 그 명사에 조사를 붙일 필요가 없다.
그냥 조사 없이 "명사 + 이다"라고 하면 된다.

주 어	동 사	보 어
Typical thrust Bearing clearance	is	0.002" to 0.012"
전형적인 스러스트베어링 간극은	이다	0.002인치에서 0.012인치

예문

주 어	동 사	보 어
Excessive backlash	will be	noisy
지나친 백래시는	일 것이다	시끄러운
시끄러운 + 일 것이다 = 시끄러울 것이다		

해설 be 동사 다음에 형용사가 오면 "~한", "~운" 등의 의미를 파악하면 된다.

공식 3형식 문장

주 어	동 사	목적어
~가, ~는	~하다	~에게
의미] (주어)가 (목적어)를 ~하다		

해설 3형식 기본 패턴은 주어 - 동사 - 목적어이다.

예문 Some engines use an oil cooler

주어 (~는)	동사 (~한다)	목적어 (를)
Some engines	use	an oil cooler
어떤 엔진들은	사용한다.	오일 쿨러를

공식 4형식 문장

주어	동사	간접 목적어	직접 목적어
~가, ~는	~주다	~에게	~을
의미] (주어)가 (목적어)를 (무엇)을 ~주다			

UNIT 1 자동차 기술 영어의 이해

예문 Many sensors send the PCM a voltage signal.

주 어	동 사	간접목적어	직접목적어
Many sensors	send	the PCM	a voltage signal.
많은 센서들은	보낸다.	PCM에게	전압 시그널을
많은 센서들이 작동 조건에 변화에 직접 반응하여 PCM에게 전압시그널을 보낸다.			

공식 5형식 문장

주 어	동 사	목적어	목적보어
~가, ~는	~시키다, ~만든다	~를	~하도록, ~되게 등
의미) (주어)가 (목적어)를 (무엇)하도록 만든다.			

예문 A sticking oil pump pressure relief valve could make oil pressure be too high

주 어	동 사	목적어	목적보어
~가, ~는	~시키다., ~만든다.	~를	~하도록, ~되게 등
A sticking oil pump pressure relief valve	could make	oil pressure	be too high
끈적한 오일펌프 압력 릴리프 밸브는	만들 수 있다.	오일 압력을	매우 높게
끈적한 오일펌프 압력해제 밸브는 오일 압력을 매우 높게 만들 수 있다.			

공식 문장 형식의 응용

기본 문장형식에 각종 수식어가 복합된 예문들을 어떻게 해석하는지 설명한다.

예문 A leakage test on that cylinder shows that there is too much leakage.

문장에서 주어, 동사, 목적어의 찾아내면 의미파악은 쉽다.

주어	주어 수식어	동사	목적어
A leakage test[1]	on that cylinder	shows	that there is too much leakage[2].
누설 테스트는	저 실린더에서	보여준다.	지나치게 많은 누설이 있음을
저 실린더에서 누설테스트는 지나치게 많은 누설이 있음을 보여준다.			

해설 ❶ 문장 앞에 있는 a leakage test는 주어이고 그 뒤에 있는 on that cylinder는 주어를 수식하는 주어 수식어이다. 따라서 "저 실린더에서 누설테스트는"라고 해석한다.
❷ shows는 동사이다.
❸ that there is too much leakage가 that 명사절 전체가 "목적어"이다. 목적어가 한 문장이 될 수 있음을 보여준다. 명사절이기 때문에 "지나치게 많은 누설이 있음"이라고 해석한다.

예문 Technician A says that Part X shown is used to rotate the rotate the valve spring.

주어	동사	목적어		
		주어	동사	to 부정사
Technician A	says	that Part X shown	is used	to rotate the valve spring.
정비사 A는	말한다.	그림에 보이는 부품 X는	사용된다.	밸브 스프링을 회전시키는데
정비사 A는 그림에 보이는 부품 X는 밸브스프링을 회전시키는데 사용되는 것이라고 말한다.				

해설 ❶ 이 문장에서도 목적어는 "that 명사절"이다. 명사절이기 때문에 "~ 것을"이라는 조사가 붙는다.
❷ that 명사절 안에서 주어, 동사는 진짜 주어, 동사는 아니다. 다만, 명사절 내에서 주어, 동사의 기능을 할 뿐이다.

공식 수동태

흔히들 "아! 열 받아"라고 많이 사용하는데, 이 "열 받아"가 수동태 受動態, passive 문장이다. 수동태 문장은 주어 subject 가 무엇에 의해 당했다는 의미가 지니고 있음을 잘 이해해야 한다.

자동차 기술 영어에서 수동태 문장이 많이 표현될 수 밖에 없는 이유는 자동차 부품들이 무엇에 의해 고장 불량이 발생하고, 또 고장 난 부품들은 교환되어지기 때문이다. 고장 난 부품을 주어로 사용하면 의미상 수동태 문장을 사용할 수 밖에 없다.

---

1) **a leakage test** 누설 테스트
2) **leakage** 누설, 누유, 기밀이 샘

❶ 수동태 동사의 의미는 다음과 같이 "～되어진다" 바꿔주면 된다.

동 사	수동태 동사 (be + ~ed)
check / 점검하다	be checked 점검 되어진다

주 어	수동태 동사	수식어
Main bearing oil clearance	can be checked	with plasticgage.
메인 베어링 오일 간극은	점검 되어질 수 있다.	플라스틱 게이지를 가지고

플라스틱 게이지를 가지고 메인 베어링 오일 간극은 점검되어 질수 있다.

❷ 수동태에서 주어를 목적어로 전환하고, 수동태 동사를 능동태 동사로 바꾸어 해석해도 의미는 동일하다. 예를 들면,

플라스틱 게이지를 가지고 메인 베어링 오일 간극은 점검 되어질 수 있다.
플라스틱 게이지를 가지고 메인 베어링 오일 간극**을 점검할 수 있다.**

주 어	수동태 동사	수식어
The diameter of the piston	sould be measured	at piston skirt
피스톤 직경은	반드시 측정되어져야 한다.	피스톤 스커트 (위치) 에서

반드시 피스톤 스커트에서 피스톤 직경은 측정되어져야 한다.
반드시 피스톤 스커트 (위치)에서 피스톤 직경**을** 측정한다.

❸ 수동태 동사는 "무엇에 의해 당했다"라는 의미가 내표되어 있으므로 다음과 같은 의미를 가진다.
- The broken piston : (무엇에 의해) **깨어진** 피스톤
- The blown head gasket : (무엇에 의해) **파손된** 헤드 개스킷

공식 대명사

대명사 代名詞 는 무엇을 대신하는 명사란 뜻이다. 우리가 흔히 "좀 거시기 해"라고 말할 때, 거시기가 대명사라 할 수 있다. 무엇이 거시기 할까? 친구가 밑도 끝도 없이 만나자마자 "좀 거시기 해" 하면 무슨 말하는 건지 모르겠지만, 문장으로 말할 때에는 "거시기"가 무엇인지 알 수 있다.

예를 들면 친구가 "초등학교 때 내가 속으로 좋아하던 동창을 어제 우연히 만났는데, 기분이 좀 거시기 하더라"라고 말한다면, 거시기란 "왠지 쑥스러우면서도 설레는 마음" 정도로 이해할 수 있을 것이다. "초등학교 때 좋아했던 동창"이란 말에서 거시기를 유추했기 때문이다.

자동차 기술영어에서도 마찬가지다. 자주 사용하는 표현되는 대명사로 it, one, that, those 등이 있는데, 대명사 앞에 있는 문장을 잘 읽어보면 대명사가 무엇을 대신하고 있는지 알 수 있다.

예문 The analog signal must be converted to digital so the computer can understand it.

아날로그 신호는 반드시 디지털로 변환되어야 하며 그래서 컴퓨터는 **그것**을 이해할 수 있다.

해설 이 문장에서 it이 대명사이고 "그것"을 의미를 갖는다. 앞서 말한바 같이 it이 대신하는 명사는 앞 문장 "The analog signal must be converted to digital"에 있다. 당연히 아날로그 신호 analog signal 은 아니고, 변환된 디지털 신호 Digital signal 임을 알 수 있다.

공식 if 가정문 / if 조건절

if 가정법과 if 조건절은 일견 비슷해 보이지만, 분명한 차이점이 있다.

만약 어느 승용차가 주행 중 엔진 꺼짐 현상이 발생한 후 재시동이 안 되어 근처 정비업소에 견인되어 왔을 때, 정비사는 일단 2개의 스파크플러그의 육안검사와 불꽃 점화시험을 했다. 이 상황에서

운전자는 "아 엔진고장만 없었다면. 지금쯤 설악산에 도착 했을텐데…." 라고 생각하고,

정비사는 "스파크 플러그의 외관이 심히 불량하더라도 일단 2개 모두 점화한다면, 적어도 시동불량의 근본원인은 아닐거야…." 라고 속으로 생각한다면,

먼저 운전자의 생각은 가정문이다. 지금 현재 사실을 반대로 가정하고 있기 때문이다. 반면 정비사의 생각은 조건문이다. 정비사의 생각은 "만약 스파크 플러그가 비록 낡고 상태가 좋지 않지만, 불꽃만 튄다면 최소한 시동만큼은 걸려야 한다."고 생각하고 있다. 이는 논리적으로 인과관계를 해석하고 있다. 주로 조건문은 고장진단 절차나 논리해석에 많이 사용된다.

❶ 단순 가정을 나타내는 가정법 현재 시제

예문 If cylinders misfire[3], HC emissions **will** increase sharply.

만약 실린더가 실화한다면, HC 탄화수소[4] 배기가스는 급격히 증가할 것이다.

> **해설** 단순 가정을 나타내는 가정법 현재시제는 주절에 조동사 will을 사용한다는 문법적 규칙이 있다. 그러나 의미상으로만 구분한다면 가정문이냐 또는 if 조건문이냐는 그리 중요하지 않다.

❷ if 조건절

주절의 동사를 보면 조동사 will은 없고, 일반동사가 사용되었음을 알 수 있을 것이다.

예문 If there is lack of power, measure the compression pressure

만약 파워 부족이 있으면, 압축압력을 측정하라 측정한다.

예문 If the coolant is low, slowly add coolant up to the specified level.

만약 냉각수가 적다면, 천천히 규격레벨까지 냉각수를 보충한다.

공식 비교문

❶ 원급에 의한 비교 : 비교 대상의 정도가 같음을 의미한다.

as + 형용사/부사 + as	~ 만큼 ~한,
not so(as) + 형용사/부사 + as	~ 만큼 ~하지 않는
the same 명사 + as	~와 같은

---

3) **misfire** : 실화
4) **HC(hydrocarbon)** 탄화수소, 가솔린의 주성분

예문 The RPM drop won't be **as significant as** the other cylinders.

RPM 저하가 다른 실린더만큼 두드러지지 않을 것이다.

예문 Platinum is **not as good** a conductor **as** copper.

플래티넘은 구리만큼 좋은 전도체가 아니다.

❷ 비교급 : 비교 대상 사이에 정도의 더 우수하거나 열등한 차이가 존재한다.

~er than	~보다 ~한
More 원급 than	
The 비교급 ~, the 비교급	~할수록, ~하다.

예문 If an injector is leaking, fuel pressure will decrease **quicker than** normal.

만약 인젝터가 누유한다면, 연료압력은 정상보다 더 빨리 감소할 것이다.

예문 Platinum spark plugs cost **more than** copper plugs

플래티넘 스파크 플러그는 동 銅 플러그보다 가격이 더 비싸다.

예문 **The higher** a gasoline's octane rating, **the less likely** it is to explode

가솔린 옥탄가가 높을수록, 덜 폭발하려 한다 폭발성이 감소한다.

❸ 최상급

예문 **The most common cause** of block cracking is an engine overheating condition.

실린더 블록 균열의 가장 흔한 원인은 엔진 과열 상태 이다.

공식 **명령문**

영문 정비 매뉴얼을 보면 분해 및 조립 절차 등 상당한 부분이 명령문으로 되어있음을 알 수 있다.

❶ 명령문을 달리 표현하면 주어를 생략된 3형식 문장이 할 수 있다.

❷ 따라서 "동사 verb + 목적어 + 목적어 수식어…로 되어있다.

UNIT 1 자동차 기술 영어의 이해 **27**

예문 "For more information, see "Power Balance Testing" on page 130."

"더 많은 정보를 원한다면, 130페이지에 있는 파워 밸런스 테스트를 참조하라"

공식 삽입 구문

삽입 구문이란 좀 더 생동감 있는 느낌을 주고자 문장 중간에 삽입된 구나 절을 말한다. 삽입구문은 문장 구성요소가 아니므로, 삽입구문의 의미가 애매하면, 아예 삽입구문을 생략하고 나머지 문장으로 의미를 파악한다.

예문 Emission control devices, <u>**such as EGR valve, canister, and air pump**</u>, are operated at predetermined times to increase efficiently.

주 어	삽입구문	동 사	수식어구	to 부정사
Emission control devices,	such as EGR valve, canister, and air pump,	are operated	at predetermined times	to increase efficiently.
배기가스 컨트롤 장치는,	예를 들면 EGR 밸브, 캐니스터 및 에어 펌프 같은,	작동되어진다.	미리 정해진 시기에	효율을 높이기 위해서

배기가스 컨트롤 장치는, 예를 들면 **EGR** 밸브, 캐니스터 및 에어 펌프 같은, 효율을 높이기 위해서 미리 정해진 시기에 작동되어진다.

공식 to 부정사 Infinitive

❶ 부정사의 용법

「to + 동사의 원형」을 부정사라고 하는데, 다음과 같은 세 가지 용법이 있다.

종 류	설 명	의 미
(1) 명사적 용법	부정사가 명사처럼 주어·목적어·보어로 쓰일 때이다.	**~ 하기, 하는 것**
(2) 형용사적 용법	to 부정사가 명사 뒤에서 그 명사를 수식하는 경우를 말한다.	**~하는, ~할**
(3) 부사적 용법	to 부정사가 부사와 같은 역할을 하며 여러 가지 뜻을 나타낸다.	**~하기 위하여**

정리하면 to 부정사는 크게 3가지의 의미 ~하는 것, ~하는, ~하기 위해서를 가지고 있다. 일반 동사와 부정사를 비교 분석해 보면 다음과 같다.

동 사	to 부정사
Install the cylinder head 실린더 헤드를 장착하라	To install the cylinder head 실린더 헤드를 장착하는 실린더 헤드를 장착하는 것 실린더 헤드를 장착하기 위해서

해설 "하는", "하는 것", "하기 위해서"은 어떻게 선택하는가? 어떤 규칙이 있는 것은 아니고, 문장 안에서 가장 의미가 자연스럽게 연결되는 것으로 선택하면 된다.

예문 Which of these would cause a fuel‑injected engine **to have low fuel pressure?** 에서

Which of these would cause	a fuel-injected engine	to have low fuel pressure
다음 중 어느 것이 ~ 초래할 수 있겠는가?	연료 분사식 엔진을	낮은 연료 압을 갖는 낮은 연료 압을 갖는 것 낮은 연료 압을 갖기 위해서

해설 "낮은 연료압을 갖는 연료분사 엔진"이 가장 자연스럽다. 이렇듯 의미 중에서 가장 자연스런 것을 선택한다.

공식 동명사 Gerund

동명사는 동사에 ~ing 붙여서 "~하는 것"으로 해석하고, 문자 그대로 동사를 명사처럼 사용하는 것이다. 따라서 명사처럼 사용하기 때문에 주어, 목적어 자리에 올 수 있다. 그러나 동사적 성질도 여전히 가지고 있어서 동명사 뒤에 오는 수식어를 목적어처럼 해석한다.

동사 keep	동명사 keeping
Keep the main bearing cap in order	Keeping the main bearing cap in order
순서대로 메인 베어링 캡을 보관하라	순서대로 메인 베어링 캡을 보관하는 것은

예문

주어(동명사)	주어 수식어 (동명사의 목적어)	동 사	보 어
keeping	the main bearing caps in order	is	very important.
유지 보관하는 것은	메인 베어링 캡을 순서대로	이다	매우 중요한
	메인 베어링 캡을 순서대로 유지 보관하는 것은 매우 중요하다.		

공식 분사 participle / 분사 구문

자동차 기술영어에서 분사도 앞서 설명한 to 부정사, 동명사 못지 않게 중요하다. 예를 들면, 보통 과열 overheat 에 의해 균열이 발생한 알루미늄 헤드를 "cracked cylinder head"라 표현한다. 여기서 cracked는 분사이고 명사를 수식한다.

분사의 기능에는 명사를 수식해 주는 것 외에도 be 동사와 함께 사용하여 수동태의 동사 형태 be + participle 를 만든다.

- The broken piston : (무엇에 의해) **깨어진** 피스톤
- The blown head gasket : (무엇에 의해) **파손된** 헤드 개스킷

공식 분사 구문

분사 구문은 문장 전체를 수식하는 부사절에서 주어 - 동사를 생략한 형태라고 할 수 있다. 자동차 기술 영어에서는 보통 "~하면서, 하는 등"로 해석하는 경우가 가장 흔하다. 형태는 "동사원형 + ing"의 형태로 만든다.

— Wheels may lock during hard braking, **reducing** steering capability.

주 어	동 사	수식어	분사구문
Wheels	may lock	during hard braking,	**reducing** steering capability.
휠은	잠길 수도 있다	급정거 중에,	조향력이 감소하면서
조향력이 감소하면서, 급정거 중에 휠이 잠길 수도 있다.			

공식 관계대명사 relative pronoun : that

관계 대명사 that은 앞에 있는 명사를 수식한다.

예문 The knock sensor is a piezoelectric device **that** converts engine knock vibration into a voltage signal.

해설 관계대명사 "that~"은 앞에 있는 명사 "압전장치"를 수식한다.

주어	동사	보어 (=선행사)	보어(선행사) 수식어
The knock sensor	is	a piezoelectric device[5]	**that** converts[6] engine knock vibration into a voltage signal.
노크 센서는	이다.	압전장치	엔진노크 진동을 전압 신호로 전환시켜주는
노크 센서는 엔진노크 진동을 전압신호로 전환시켜주는 압전장치이다.			

공식 관계대명사 : what

관계 대명사 what은 "**~하는 어떤 것 또는 무엇**"이라고 해석할 수 있다.

예문 The PCM does not know **what the true cause is** and will enrich the mixture in response to the signal of O_2 sensor.

PCM은 **진짜 원인이 무엇인지**를 알지 못하고, 산소센서의 신호에 따라 혼합비를 농후하게 할 것이다.

공식 관계대명사 : which

which의 계속적 용법이 자주 사용되며, 앞 문장 전체를 의미한다.

예문 All the fuel that enters a cylinder is burned and converted to power, **which is used to move the vehicle.**

all the fuel that enters a cylinder is burned and converted to power,	**which** is used to move the vehicle.
실린더에 들어가는 (모든) 연료는 연소하여 동력으로 전환한다.	이것은 자동차를 움직이는데 사용된다.

해설 which는 "실린더에 들어가는 모든 연료는 연소하고 동력으로 전환한다"를 의미 한다.

---

5) **a piezoelectric device** : 압전장치
6) **convert A into B** : A를 B로 전환시키다.

공식 관계대명사 : Who

사람을 수식하는데 사용하는 대표적인 관계대명사는 **Who**이다. 자동차 기술영어에서 whose/whom은 자주 표현되지 않는다.

예문 The person **who** greets[7] customers at a service center is the service adviser.

주 어	주어수식어 (관계대명사 who)	동 사	보 어
The person	who greets customers at a service center	is	the service adviser.
사람은	서비스 센터에서 고객을 환대하는	이다	서비스 어드바이저
서비스 센터에서 고객을 환대하는 사람은 서비스 어드바이저이다			

공식 의문사 why, how 등 명사절

예문 It is easy to understand **why** ignition systems are so complex.

주 절	의문사 명사절	
It is easy to understand	**why**	ignition systems are so complex.
이해하는 것은 쉽다	이유를	점화 시스템이 매우 복잡한
왜 점화 시스템이 매우 복잡한지 이유를 이해하는 것은 쉽다.		

공식 등위 접속사

단어와 단어, 구와 구, 문장과 문장을 동등한 위치에서 연결시켜 주는 접속사를 등위 접속사라 한다.

예문 Replcae the cap **and** install the nuts

캡을 교체**하고** 너트를 장착하라.

---

7) **greet** 환대하다.

예문 An engine with good relative compression **but** high cylinder leakage past the rings is typical of a high-mileage worn engine.

압축상태는 상대적으로 그리 나쁘지 **않으나** 실린더 누설이 매우 심한 엔진은 전형적인 주행거리가 매우 큰 노후된 엔진이다

예문 A low reading might be caused by retarded ignition timing **or** incorrect Valve timing

지각된 이그니션 타이밍 **또는** 부정확한 밸브 타이밍

공식 등위 상관 접속사의 용법

both A and B	A와 B 둘 다
not only A but also B	A뿐 아니라 B도 역시 [동사는 B에 일치]
either A or B	A나 B 둘 중에 하나 [동사는 B에 일치]
neither A nor B	A도 아니고 B도 아니다. [양자 부정]
not A but B :	A가 아니고 B이다

예문 Rich air/fuel mixture will cause **both** excessive CO emission **and** poor fuel economy.

농후한 공연비는 과다 CO 가스와 연비악화를 초래할 것이다.

공식 부사절 종속 접속사

부사절 접속사는 주절의 의미를 보충적 또는 더 구체적으로 수식해 주는 역할을 한다.

앞에 오는 경우	**When an engine is reconditioned**, the main bearings should be replaced.
뒤에 오는 경우	The yellow ABS indicator lamp comes on **when the engine is running.**

3.1 시간 관련 종속 접속사

예문 **When** an engine is reconditioned, the main and rod bearings should be replaced.

엔진이 재수리될 **때**, 메인 및 로드 베어링이 교체되어져야 한다.

예문 **While** inspecting the parts, check the bearings for damage.

부품을 검사하는 **동안에**, 손상이 있는지 베어링을 검사하라.

예문 **Once** the compression are performed, a technician is ready to evaluate the engine's condition.

일단 압축이 완료**되면**, 테크니션 정비사 는 엔진 상태를 평가할 만한 준비.

3.2 조건 관련 종속 접속사

예문 **Unless** the technician has experience in listening to and interpreting engine noises, it can be very hard to distinguish one from the other.

만약 정비사가 엔진노이즈의 소리 또는 진단을 경험해 보지 **않았다면**, 그것들을 구별하는 것이 매우 어려울 수 있다.

예문 Primary current continues to flow **as long as** the vane is in the air gap.

베인이 에어 갭 사이에 **있는 한** 1차 회로 전류는 계속 흐른다.

3.3 양보의 의미를 갖는 종속 접속사

예문 **Although** platinum is an extremely durable material, it is an expensive precious metal; **therefore**, platinum spark plugs cost more than copper plugs.

비록 플래티넘은 극도의 내구성 재료이지만, 매우 비싼 귀금속이다. **따라서** 플래티넘 플러그는 동 銅 플러그보다 더 고가이다.

3.4 이유, 목적, 결과의 의미를 갖는 종속 접속사

예문 The catalytic converters are referred to as three-way catalysts, **since** they act on HC, CO and NOx.

촉매 변환기는 3원 촉매로 불린다. **왜냐하면** 3원 촉매는 HC, CO, NOx에 작용하기 **때문이다**.

예문 Do not use oil additives, **as** these may result in engine damage.

오일 첨가제를 사용하지 마십시오. **왜냐하면** 이것들은 엔진손상을 유발할 수 있기 **때문입니다**.

예문 **As** the compression ratio increases, the octane rating of the gasoline should also be increased to prevent abnormal combustion.

압축비가 상승하기 **때문에**, 이상 연소를 예방하기 위해서 가솔린 옥탄가 역시 증가되어져야 한다 의역하면 더 높은 옥탄가 휘발유를 사용해야 한다.

공식 **조동사 Can, could**

조동사 can, could는 "발생 가능성, ~할 수 있다."로 많이 사용된다.

예문 Adjustment of the TP sensor **can be made** on some engines.
일부 엔진에서는 스로틀 포지션 센서의 조정을 **할 수 있다**.

공식 **May, might**

조동사 may(might)는 두 가지 의미로 많이 사용된다.
① 허락/허가 ~해도 좋다.
② 추측/불확실 일 수 있다 또는 ~일지 모른다.

이 중에서 자동차 기술 영어에서는 대부분 ② 추측/불확실의 의미로 많이 표현된다.

예문 A defective ECT sensor **may** cause some of the following problems: hard engine starting.
고장난 ECT 센서는 다음의 문제 "엔진시동불량"을 **초래할 지도 모른다** = 초래할 수도 있다.

예문 A defective throttle position sensor **may** cause acceleration stumbles, engine stalling, and improper idle speed.
고장난 스로틀 포지션 센서는 가속 불량, 엔진 스톨링 그리고 아이들 스피드 불량을 **초래할 수도 있다** = 초래할 지도 모른다.

공식 Must

조동사 must의 가장 큰 의미는 "반드시 ~해야 한다"하는 강한 의무 또는 명령의 의미가 있다. 특히 자동차 정비 매뉴얼 또는 운전자 매뉴얼을 보면 must 또는 should를 사용하여 반드시 지켜야 할 주의사항에 대해서 설명한다.

예문 If the wires have higher resistance than specified, the wires **must** be replaced.
만약 와이어 의 저항 이 규정값보다 높게 나오면, 그 와이어는 **반드시** 교체**되어야 한다**.

예문 Cylinders **must** be honed after boring.
실린더는 **반드시** 보링 후에 호닝을 **해야 한다**.

공식 Should

조동사 should는 "~해야 한다" 또는 "~이어야 한다"의 의미이다.

예문 Both sensor wires **should** indicate less resistance than specified by the vehicle manufacturer.
양 센서 와이어는 자동차 제조사에 의해 명시된 규격보다 낮은 저항을 지시**해야 한다**.

예문 Connecting rod side clearance **should** be checked with a feeler gauge.
컨넥팅 로드 사이드 간극은 필러게이지로 검사**하여야 한다**.

공식 Will, would

조동사 will, would는 미래의 발생 또는 실현 의지를 표현한다. 자동차 기술영어에서는 단순히 미래의 발생에 대한 의미로 많이 표현된다.

예문 A bad sensor **will** typically have a glitch (a downward spike) somewhere in the trace.
불량한 센서는 전형적으로 파형 어디에선가 결함 glitch 을 가지게 **될 것이다**.

공식 전치사

전치사의 문법적 이해보다는 전치사가 가지는 고유의 뜻을 단어 암기하듯 외우는 것이 최선이다.

예문 The crankshaft does not rotate directly **on** the main or rod bearings.
크랭크샤프트는 메인 베어링 또는 로드 베어링 **위에서** 직접 회전하지 않는다.

예문 Instead it rides on a thin film of oil trapped **between** the bearing **and** the crankshaft.
그 대신에 베어링과 크랭크샤프트 **사이에서** 있는 얇은 오일 막 위에 안착한다.

예문 The soft material used to construct the bearings allows impurities to embed **into** it.
베어링을 구성하는데 사용되는 연한 재료는 불순물이 베어링 **안으로** 박히도록 허용한다.

예문 Flex plates generally crack **around** the mounting hole area.

플렉스 플레이트의 마운팅 홀 **주변에는** 일반적으로 균열이 많다.

예문 The harmonic balance should be inspected **for** sign of wear in its center bore.

하모닉 밸런스는 그 센터 보어에 마모흔적이 (있는지에) **대하여** 검사되어져야 한다.

예문 The three way catalytic converters contain precious metals that serve **as** catalysts.

3원 방식 촉매 변환기는 촉매**로서** 작용하는 귀금속을 함유하고 있다.

예문 Power losses occur because of the friction generated **by** the moving parts.

출력손실은 작동하는 부품에 **의해** 생성되는 마찰 때문에 발생한다.

예문 **In addition to** metal destruction, rust also acts to insulate and prevent proper heat transfer inside the cooling system.

금속 파괴 **외에도**, 녹은 또한 단열 작용하고 냉각시스템 내부로 적당한 열전달을 방해한다.

Chapter 2

SAMPLE QUESTIONS
ENGINE PERFORMANCE Test A8

다음은 ASE에서 배포하는 A8. Engine Performance 시험가이드의 일부분이다. 질문이나 문장 패턴이 일정한 형식에 따라 구성되고 있다.

01. While the engine is running, a technician pulls the PCV valve out of the valve cover and plugs the valve opening. There are no changes in engine operation. Technician A says that the PCV valve could be stuck in the open position. Technician B says that the hose between the intake manifold and the PCV valve could be plugged. Who is right?

(A) A only   (B) B only   (C) Both A and B   (D) Neither A nor B

번역 엔진 작동하는 동안, 정비사가 PCV 밸브를 밸브 커버로 부터 분리하고 PCV 밸브 구멍을 막았다. 엔진 작동상에 아무런 변화가 없었다.

정비사 A : PCV 밸브가 열린 위치에서 고착되었다.

정비사 B : 흡기 매니폴드와 PCV 밸브 사이의 호스가 막혀 있을 수 있다. 누가 맞는가?

(A) A만   (B) B만   (C) A와 B 모두   (D) 둘 다 아니다.

밸브 커버로부터 분리된 PCV 밸브의 상태가 양호하다면 엔진은 불안정한 상태가 될 것이다. 그러나 엔진이 여전히 잘 작동하고 있다면 PCV 밸브 호스의 막힘 또는 PCV 밸브가 닫힌 채 고착되어 있을 수 있다. 정비사 A는 틀리고 정비사 B는 맞다.

정답 B

단어 **pull ~ out of valve cover** 밸브 커버로 부터 분리하다 / **plug** 막다 / **there are no change** 변화가 없다 / **be stuck** 고착되어 있다. / **open position** 열린 위치 즉 열린 채로 / **could be plugged** 막혀 있을 수 있다

02.

Blue smoke comes from the exhaust pipe of a vehicle.

Technician A says that blocked cylinder head oil return passages could be the cause.

Technician B says that a stuck open thermostat could be the cause. Who is right?

(A) A only (B) B only (C) Both A and B (D) Neither A nor B

> 번역 청색 스모크 연기가 자동차 배기파이프로부터 나온다.
> 정비사 A : 막힌 실린더 헤드 오일 복귀 통로가 원인이 될 수 있다.
> 정비사 B : 열린 채 고착된 서모스탯이 원인이 될 수 있다. 누가 맞는가?
> (A) A만   (B) B만   (C) A와 B 모두   (D) 둘 다 아니다.
>
>> 청색 스모크의 발생원인은 엔진 오일의 연소를 의미한다. 만약 엔진 오일 복귀 통로가 막혔다면 엔진 오일 압력이 상승하여 밸브 가이드를 통해 연소실에 유입되어 연소될 수 있다. 정비사 A는 맞다. 반면에 열린 채 고착된 서모 스탯은 엔진 정상 작동온도 도달시간을 지연 및 공회전시 농후한 공연비를 형성하여 CO와 HC 발생량을 증가시킬 수 있다. 정비사 B는 틀리다.
>>
>> 정답 A

03.

A vehicle with a computer-controlled(feedback) engine has poor gas mileage. Engine tests show a rich mixture.

Technician A says that a bad oxygen(O_2) sensor could be the cause.

Technician B says that a bad engine coolant temperature sensor could be the cause. Who is right?

(A) A only (B) B only (C) Both A and B (D) Neither A nor B

> 번역 컴퓨터 제어(피드백) 엔진 차량이 연비가 좋지 않다. 엔진 테스트는 농후한 공연비를 보여준다.
> 정비사 A : 불량한 산소센서가 원인이 될 수 있다.
> 정비사 B : 불량한 냉각 수온 센서가 원인이 될 수 있다. 누가 맞는가?
> (A) A만   (B) B만   (C) A와 B 모두   (D) 둘 다 아니다.
>
>> 농후한 공연비를 발생 원인으로 산소센서 결함, 냉각 수온센서 결함, 연료 압력 레귤레이터 막힘, 인젝터 누유, 에어 필터의 막힘 불량 등이 있다. 정비사 A, B 모두 맞다.
>>
>> 정답 C

UNIT 1 자동차 기술 영어의 이해 **41**

04.
A vacuum gauge is connected to the intake manifold of an engine and the engine is run at 2,000 rpm. During the test, the pointer on the gauge fluctuates rapidly between readings of 10 and 22 inches of vacuum. These test results point to _____.

(A) a leaking intake manifold gasket.　(B) worn piston rings.
(C) worn valve guides.　(D) a weak or broken valve spring.

> **번역** 진공 게이지가 엔진 흡기 매니폴드에 연결되어 있고 엔진은 2000RPM에서 작동한다. 테스트 과정에서 게이지의 바늘이 10~22in.Hg 사이에서 빠르게 상하로 흔들린다. 이 테스트 결과는 _____를 지시한다.
> (A) 흡기 매니폴드 개스킷 누설　(B) 피스톤 링 마모
> (C) 밸브 가이드 마모　(D) 밸브 스프링 약함 또는 파손
>
> ▶ 진공 게이지 테스트 진단표는 다음과 같다.
>
> | 진공값 | 바늘 | 추정 가능 원인 |
> |---|---|---|
> | 10inHg~25in.Hg | 떨림 | 밸브스프링 약함 |
>
> 흡기 매니폴드 개스킷, 피스톤 링, 밸브 가이드 불량은 발생원인과 관련이 적다.
>
> **정답** D

05.
The technician finds no spark and no injector pulses on a vehicle that will not start. The most likely cause is a failed:

(A) mass air flow sensor(MAF).　(B) crankshaft position sensor(CKP).
(C) throttle position sensor(TPS).　(D) fuel pump module(FP).

> **번역** 정비사가 시동이 걸리지 않는 자동차에서 스파크와 연료분사가 전혀 없음을 알았다. 가장 유력한 발생원인은 _____ 불량이다.
> (A) 공기 유량 센서　(B) 크랭크포지션 센서
> (C) 스로틀포지션 센서　(D) 연료펌프 모듈
>
> ▶ PCM은 점화시기와 연료 분사 펄스를 결정할 때 입력 데이터로 사용하는 센서는 크랭크포지션 센서이다.
>
> **정답** B

단어 **blue smoke** 청색 스모크 연기 / **comes from** ~로부터 나온다 / **exhaust pipe** 배기 파이프 / **blocked** 막힌 / **oil return passage** 오일 복귀 통로 / **stuck open** 열린 채 고착된 / **vehicle** 자동차 / **poor gas mileage** 연비 악화 / **rich mixture** 농후한 공연비 / **is connected to** 연결되어 있다 / **the pointer** 바늘 지침 / **fluctuate** 상하로 요동친다 / **rapidly** 빠르게/ **reading** 측정값 / **point to** 지시한다. / **no injector pulses** 인젝션 분사가 없는

UNIT 02

테스트 사양 및 작업 목록

A. 일반 진단
B. 점화 시스템 진단과 수리
C. 연료, 공기 유도 및 배기 시스템 진단과 수리
D. 배출제어시스템 진단과 수리(OBD II 포함)
E. 전자화된 엔진 제어 진단과 수리(OBD II 포함)

General Diagnosis ^{12Questions}

A. 일반 진단 12문항

A.1. 고장진단, 육안 검사, 주행검사

— Verify driver's complaint, perform visual inspection, and/or road test vehicle

고객으로부터 엔진의 고장현상을 주의 깊게 들은 후, 실차에서 그 증상을 재확인하고 기록한다. 예를 들면 엔진 스톨 engine stall 발생하는 경우 스톨이 어느 경우에 발생하는 지 점검 항목에 기록한다.

- 시동 걸리자마자 Soon after starting
- 가속페달을 밟은 후 After acceleration pedal depressed
- 가속 페달을 놓은 후 After accelerator pedal released
- 에어컨 작동 중 During A/C operation
- N에서 D로 변속 시 Shift from N to D

필요시 주행검사를 실시해 증상을 재확인할 수도 있다. 주행검사 시 엔진의 주행성능 가속불량, 소음 등을 주의 깊게 관찰한다. 만약 경우, 기록항목의 예는 다음과 같다.

주행성능 불량	내용
헤지테이션 Hesitation	가속 시 일시적으로 주춤했다가 가속이 되는 현상
역화 Back fire	배기시스템에서 연소반응 발생
서징 Surging	불안정한 정속주행
노킹 Knocking	불완전 연소로 인한 연소충격

항상 고장 진단을 시작할 때는 가장 쉽고 빠른 테스트부터 실시한다. Always start with the easiest, quickest test

1.1. OBD II 일반적 진단 절차

단계 ❶ 고객으로부터 자동차의 불량현상에 대해 자세히 듣고 필요시 고장진단 양식 form sheet 에 기입한다. 필요시 불량과 관련해서 추가적인 질문을 하고 기록한다. 간혹 고객이 미처 인식하지 못하거나 무시해 버린 다른 불량문제나 증상이 있을 수 있다. 이런 증상들도 시스템을 진단하는데 중요한 단서가 될 수도 있다.

단계 ❷ MIL OBD II 경고등 점등된 경우 DTC 확인 및 기록한다. 불량현상 관련 시스템 육안검사 및 작동상태 점검한다. 고장코드가 엔진과 관련된 경우, 엔진룸에서 노이즈, 연료 냄새 또는 엔진의 떨림, 진동 등을 확인한다. 이에 관련한 측정 도구 및 진단장비가 필요할 수 있다. 그 외에도 각종 호스 예. 진공 호스, 와이어, 차체 접지, 배터리 터미널 등의 상태가 양호한지 빠른 검사를 실시한다. MAP, EGR 밸브, 연료 압력 레귤레이터 등 흡기 매니폴드의 진공을 이용하는 센서나 액추에이터에 연결되는 진공 호스가 훼손되었거나 마모되었는지 점검한다.

단계 ❸ TSB 테크니컬 서비스 공지, technical service bulletin 을 검색한다. 자세한 내용은 A.2 TSB 에서 설명한다.

단계 ❹ 필요 시 정확한 고장 진단 파악을 위해서 정비 서비스 매뉴얼을 참조한다. 각 제조사가 제공하는 정비 서비스 매뉴얼 외에도 ALLDATA.com 또는 Mitchell ondemand5.com 등 같은 유료 정비 매뉴얼 웹사이트에 회원으로 가입하여 정보를 이용할 수 있다. 그 외에도 국제 자동차 정비사 네트워크 International Automotive Technician's Network www.itan.net 에 무료로 회원 가입하여 기술적 어드바이스 technical advice 얻거나 정보 교환 information exchange 을 나눌 수 있다.

단계 ❺ 상기의 고장 진단을 마친 후 고객에게 불량발생 원인과 작업 방향에 대해 간략하게 설명하고 수리작업 진행여부에 대해 고객의 확답을 구한다.

단계 ❻ 필요 시 작업지시서 work order 를 발행하고 작업내용, 교체할 부품에 관한 사항, 작업개시 시간 등을 기록하고 작업에 착수한다. 작업 중 추가사항이나 특기 사항이 있으면 작업 지시서에 기록한다. 작업에 관한 모든 사항 및 안전 수칙은 제조사 정비 매뉴얼에 준한다.

단계 ❼ 작업이 완료된 후 이상이 없는지 성능검사를 실시하고, 필요시 주행검사도 실시한다. 모든 사항에 이상이 없으면 고객에게 작업지시서의 내용에 대해 설명 및 차량을 인계한다.

A.2. TSB ^(Technical Service Bulletin)

— Research applicable vehicle and service information, such as engine management system operation, vehicle service history, service precautions, and technical service bulletins.

엔진 컨트롤 시스템 문제를 진단할 때, TSB 정보는 절대적으로 필수적이다. 고장 진단 전에 TSB 정보를 확인하면 쉽게 불량원인을 파악할 수 있기 때문에 자동차 고장진단을 시작하기 전에, 해당 제조사가 발행하는 TSB를 먼저 확인해 보는 것이 고장원인을 찾는데 허비할 수 있는 시간낭비를 제거할 수 있다. TSB는 CD-ROM, 인터넷, 제조사 정비 웹사이트 등 다양한 형태로 제공되고 있다.

자동차 제조사는 예상치 못했던 고장발생이나 기타 보증수리 사항 또는 자동차 관련 정보 제공 등 다양한 목적으로 TSB를 발행한다. 고장수리에 관한 TSB는 대개 TSB 발행목적, 적용 차종, 차대번호, 보증범위, 부품번호, 작업절차, 주의사항 등의 사항들을 포함한다.

다음의 사례는 TSB가 매우 유용하게 활용된 사례이다. 다만 여기서는 제조사, 발생년도, 차종, 연식은 생략한다.

❶ **고장 사례** : 주행 중 시동 꺼짐이 발생하였다가 몇 분후는 별 이상 없이 재시동이 가능한 불량 현상

❷ **해당 제조사 TSB 정보** : 약간의 알코올이 혼합된 가솔린 연료를 사용할 경우 인젝터 코일에서 단락 shorted 이 발생하여 과다한 전류가 흐를 기미를 탐지한 PCM이 시스템 보호차원에서 인젝터 전원을 차단시킴으로서 발생한 사례.

▶ 만약 TSB 정보가 없었다면, 상기의 사례는 아주 숙련된 전문가가 아니면 원인파악에 상당한 시간과 에너지를 소비할 수 있는 사례라 할 수 있다.

A.3. 노이즈 및 진동 고장진단

— Diagnose noises and/or vibration problems related to engine performance; determine needed action.

노이즈 종류	발생시기	노이즈 발생 원인
큰 굉음소리 thumping noise	공회전 시 아이들, idle	플라이 휠 볼트 풀림에 의한 소음 loose flywheel bolt
	엔진 시동 시 engine start	메인 베어링 마모 worn main bearing
묵직한 노킹 소리 Heavy knocking noise	공회전 시	커넥팅 로드 베어링 마모 worn connecting rod bearing
톡톡 소리 Rapping noise	가속 시	피스톤 링, 실린더 벽 마모 worn piston & cylinder
더블 클릭 소리 Double click noise	공회전 시	피스톤 핀 마모 Worn piston pin
(마우스) 클릭 소리 Clicking noise	공회전 시	리프트 불량, 또는 오일 부족 faulty lifters, low oil level

- 엔진에서 들리는 노이즈가 엔진 내부에서 나는 노이즈인지 엔진 외부 예, 벨트, 워터 펌프 에서 발생하는 노이즈인지부터 구별한다.
- 드라이브 벨트 serpentine belt 를 제거한 후 엔진을 작동시켜보면 엔진 내부 노이즈인지 외부 노이즈인지 구별할 수 있다. 벨트 제거 후 노이즈가 사라진다면 엔진 외부 노이즈이다. 정확한 진단을 위해서 청진기 stethoscope 를 사용할 수 있다.
- 엔지 마운트와 트랜스미션 마운트의 파손은 노이즈와 진동을 유발시킨다. 엔진 마운트가 심하게 파손되었다면 전형적인 증상으로 후진 변속 시에는 발생하지 않고 전진 변속 시에만 진동이 발생한다.

3.1. 피스톤 소음 Piston Noise

- **피스톤 슬랩** piston slap : 보통 냉간 엔진에서 발생하며 가속 시 노이즈가 커지는 경향이 있다. 보통 랩핑 rapping 노이즈라 부른다. 발생원인은 다음과 같다. ① 피스톤 마모 ②

실린더 벽 마모 ③ 커넥팅로드 얼라인 불량 ④ 과다한 피스톤 간극 불량 ⑤ 오일 부족으로 인한 베어링 과다 마모 등이다. 해당 실린더의 스파크 플러그 와이어를 분리하면 노이즈가 조용해 질 수 있다. 또는 엔진이 정상작동온도에 도달하면 노이즈가 감소하거나 멈출 수도 있다.

- **피스톤 링** piston ring : 피스톤 링 마모, 피스톤 링 랜드 ring land 가 파손되었다면, 엔진 가속 시 고음의 래틀링 rattling 노이즈 또는 클릭킹 clicking 노이즈가 발생할 수 있다.
- **피스톤 핀** piston pin : 피스톤 핀이 느슨하다면 엔진 공회전시, 더블 노크 double knock 노이즈가 들릴 수 있다. 이 노이즈는 엔진부하의 영향을 받지 않으므로, 스파크 플러그 와이어 분리 후, 여전히 노이즈가 계속 들린다면 피스톤 핀의 불량으로 판단할 수 있다.

3.2. 베어링 노이즈 Bearing Noise

- **메인 베어링 노이즈** main bearing noise : 크랭크샤프트 메인 베어링이 느슨하면 묵직한 텀핑 thumping 노이즈가 지속적으로 들린다.
- **스러스트 베어링 노이즈** thrust bearing noise : 크랭크샤프트 베어링이 느슨하면 묵직한 노킹 노이즈가 간헐적으로 들릴 수 있다.
- **커넥팅 로드 베어링 노이즈** connecting rod bearing noise : 커넥팅 로드 베어링의 마모되었거나 느슨하다면 엔진 공회전 시 노이즈가 들릴 것이다. 베어링의 마모정도에 따라 가벼운 탭핑 tapping 노이즈에서 묵직하게 들리는 노크 노이즈까지 다양하다.
  불량원인은 ① 베어링 마모 ② 커넥팅 로드 정렬 align 불량 ③ 오일부족으로 인한 베어링 파손이다.

3.3. 밸브트레인 노이즈 Valvetrain Noise

- **밸브 클릭킹/테펫 노이즈** valve clicking/tappet noise : 밸브 트레인의 간극이 과다하면 엔진 아이들에서 가볍고 일정한 클릭킹 노이즈가 발생한다. 그 외 원인으로 유압 밸브 리프트의 불량 또는 오일 부족으로도 발생할 수도 있다.

3.4. 이상 연소에 의한 노이즈 Abnormal combustion noise

- **조기점화 및 데토네이션** : 비정상적인 연소에 의해 발생하며 주로 핑 노이즈 ping noise 라고도 한다. ① 점화시기가 너무 빠르거나 ② 연소실 내에 탄소 퇴적물이 많이 축적되어 압축비가 높아지면 쉽게 발생할 수 있다. 그 밖에 다른 이유로는 ③ 옥탄가가 너무 낮거나 ④ EGR 밸브의 작동 불량에 의해서도 발생할 수 있다.
- 플라이휠 볼트가 느슨하게 조립된 경우 또는 플렉스 플레이트 flex plate 에 균열이 발생한 경우에는 묵직한 소음이 엔진의 변속기 측면에서 들릴 수 있다,
- 지나치게 늘어진 타이밍 체인은 노킹 노이즈를 초래할 수 있다.
- 바이브레이션 댐퍼의 고정이 느슨해지면 묵직한 소음이 엔진의 정면 방향에서 발생할 수 있다.

A.4. 배기가스 색깔, 냄새, 기타 노이즈 고장진단

— Diagnose the cause of unusual exhaust color, odor, and sound; determine needed action.

- 청색의 배기가스는 엔진오일의 연소를 의미한다. 발생 가능 원인으로 PCV 시스템 막힘, 밸브 실 마모 등이다. 터보차저 엔진에서 터보차저 실이 마모되면 청색의 배기가스가 발생할 수도 있다.
- 백색 배기가스는 냉각수가 연소실에 유입되어 연소하고 있음을 의미한다.
- 과다 오일 소모는 ① 피스톤 링 마모 ② 실린더 벽 마멸 ③ 밸브 가이드 간극 마모, 파손으로 발생할 수 있다.
- 실린더 헤드나 실린더 블록의 오일 드레인 통로가 막히면 오일 소모가 많아질 수 있다. 확인방법은 오일 필러 캡을 열고, 엔진 시동 후 엔진 오일 레벨이 꾸준히 올라와 밸브가이드 상부까지 찬다면, 오일 드레인 통로가 슬러지 sludge 에 의해 막힌 것이다.
- 라디에이터 압력 테스트를 실시하여 외부로 냉각수가 새는지를 확인한다. 만약 압력저하가 발생했다면, 이는 엔진내부로 냉각수가 누설하고 있음을 암시한다. 냉각수는 실린더 내부 또는 오일 통로를 걸쳐 크랭크 게이스로 갈 것이다. 실린더 내부로 누설한다면 배출 가스의 색깔이 백색 또는 회색일 것이다. 만약 오일 드레인 통로로 누설한다면, 엔진 오일 레벨이 올라갈 것이다.
- 가속 시 고음의 끼익 노이즈 high pitched squealing noise 가 배기 시스템에서 발생 한다면, 배기 매니폴드 또는 배기 파이프에서 누설이 있는지 확인한다. squealing : 끼익하는 소리
- 만약 흡기 매니폴드에 누설이 있다면 고음의 삐익 노이즈 high pitched whistle noise 가 들릴 것이다. 엔진 가속 시 노이즈는 감소한다. whistle. 좁은 구멍으로 공기 등이 새면서 내는 삐익 나는 노이즈
- 배출 가스에서 진한 황 sulfur 또는 썩은 달걀 냄새가 난다면 지나치게 농후한 공연비 때문일 수 있다.

A.5. 엔진 매니폴드 진공 테스트

— Perform engine manifold vacuum or pressure tests; determine needed action.

- 진공테스트를 통해 엔진의 기계적인 결함을 점검할 수 있다.
- 엔진을 워밍업 시킨 후 흡기 매니폴드에 진공 게이지를 연결한다. 만약 엔진상태가 양호하다면 공회전 시 진공값은 18~22inch.Hg 430mmHg 에서 안정적으로 나와야 한다.
- 만약 한 실린더의 진공이 불량하다면, 진공게이지의 바늘은 떨리고, 그 떨림의 정도에 따라 기계적 결함의 심각성을 유추할 수 있다.
- 크랭킹 시 진공값은 3~6inch.Hg 사이에 있어야 한다.

진공값	바늘	추정 가능 원인
15in.Hg	안정	점화시기가 늦음
2in.Hg	안정	인테이크 매니폴드 누설
10inHg ~ 25in.Hg	떨림	밸브스프링 약함
7in.Hg ~ 20in.Hg	떨림	헤드개스킷 파손에 의한 누설
12in.Hg ~ 16in.Hg	떨림	카뷰레터 연료량 조정
12in.Hg ~ 20in.Hg	떨림	밸브 누설 또는 열에 의한 파손
14in.Hg ~ 20in.Hg	떨림	밸브가 뻑뻑하게 작동함
17in.Hg → 0in.Hg로 떨어짐	천천히 떨어짐	촉매 컨버터 불량

A.6. 실린더 파워 밸런스 테스트

Perform cylinder power balance test; determine needed action.

- 실린더 파워 밸런스 테스트는 각 실린더의 파워간의 편차를 알아보는 테스트이다.
- 엔진을 워밍업 시킨 후 각 실린더의 스파크 플러그 케이블을 분리 후 발생하는 엔진 rpm 저하를 기록한다.
- 만약 엔진의 실린더가 균일하게 파워를 만든다면, 엔진 rpm 저하 편차가 적을 것이다.
- 한 실린더에서 엔진 rpm 저하가 매우 적게 나타난다면, 이 실린더에 ① 피스톤 링 ② 밸브 ③ 연료시스템 ④ 점화시스템 ⑤ 매니폴드 ⑥ 헤드 개스킷 등에 문제가 있는 것이다. 이를 위크 실린더 weak cylinder라 한다.
- 예를 들면 3번 실린더가 rpm 저하가 가장 작으므로 3번 실린더가 위크 실린더이다.

실린더 번호	RPM drop when ignition is shorted out
1	75rpm
2	70rpm
3	15rpm
4	65rpm

A.7. 실린더 크랭킹 압축 테스트

— Perform cylinder cranking compression test; determine needed action.

- 먼저 엔진을 정상 작동온도까지 워밍업 시킨다. 압축 테스트를 실시하기 전에 연료 시스템과 점화 시스템을 차단한다. 스로틀 밸브를 완전히 열린 상태 WOT, wide open throttle 로 만든다.
- 압축압력 게이지를 스파크 플러그 홀 hole 에 연결한 후, 엔진을 크랭킹 시키면서 압축 압력을 측정한다.
- 보통 4회~5회를 실시하며 가장 높은 값을 최종 압축 압력값으로 한다.
- 각 실린더의 압축압력 편차는 20%이여야 한다.
- 한 실린더의 압축압력이 낮다면, 습식압축압력 테스트를 추가로 실시한다. 만약 압축압력이 정상으로 돌아온다면, 피스톤 링의 기밀 불량을 의미한다. 밸브나 헤드 개스킷 불량 시에는 압축압력 상승이 거의 없거나 매우 적다.
- 압축 압력값은 다음과 같이 분석한다.

압축압력 값	일반적 분석
모든 실린더의 압축압력이 비슷하나, 그 값이 매우 적음	피스톤 링이나 실린더 벽 마모 밸브 타이밍 또는 타이밍 벨드 점프
한 실린더의 압축압력이 낮음	피스톤 링 마모, 밸브 리킹, 헤드개스킷 파손, 실린더 헤드 균열, 캠샤프트 마모
두개의 인접한 실린더의 압축압력이 낮음	헤드개스킷 파손, 실린더 헤드 균열
압축압력값이 0에 가깝다.	배기밸브의 심한 파손, 피스톤의 심한 파손
규정 압축압력 값보다 높음	연소실에 카본 퇴적물이 심함

- **압축압력 테스트** : 연료분사장치와 점화장치가 작동되지 않도록 크랭크샤프트 포지션 센서 CPS 커넥터를 분리한다. 압축압력 테스트는 모든 실린더에 대해 실시한다. 주로 압축 압력이 낮은 경우는 밸브 또는 피스톤의 결함에 의해 발생할 수 있다. 실린더 압축압력을 점검할 때 반드시 아래와 같은 조건에서 실시해야한다.

- 엔진은 정상 작동온도에 도달된 상태이어야 한다.
- 모든 스파크 플러그는 탈거된 상태이어야 한다.
- 악셀 페달을 끝까지 밟은 상태에서 크랭킹 해야한다. 스로틀 밸브가 완전히 열린 상태에서 실시
- 배터리 및 스타터 모터가 정상 상태이어야 한다.

A.8. 실린더 누설 테스트

— Perform cylinder leakage/leak-down test; determine needed action.

- 압축압력 테스트 결과, 어느 실린더의 압축압력이 불량하다면, 실린더 누설테스트를 실시한다. 이 테스트를 통해 엔진의 어느 부품에서 결함이 있는지 알 수 있다. 테스트 방법은 다음과 같다.
- 압축공기를 이용하는 실린더 누설 테스터기를 스파크 플러그 홀에 연결한다. 압축공기를 주입하기 전에 반드시 피스톤은 상사점 TDC 위치에 있어야 한다. 왜냐하면 밸브가 닫힌 상태에서 실시해야 하기 때문이다.
- 실린더 누설 테스터에 장착되어 있는 게이지가 0%를 나타내면, 실린더에 전혀 누설이 없음을 의미하고 반대로 100%는 전혀 기밀유지가 안 되고 있음을 의미한다. 실린더 누설 테스트에서 양호한 엔진상태라면 보통 20% 이하이다. 만약 20% 이상이면, 엔진 어디에서 공기가 누설되고 있으므로, 공기가 새는 방향을 잘 관찰한다.
- 상대적으로 압축압력 테스트는 양호하나, 실린더 누설 테스트 결과 피스톤 링 쪽으로 누설이 발생하는 경우, 이것은 주행거리가 매우 큰 high mileage 엔진의 전형적인 특징이다.
- 비교적 주행거리가 작은 엔진에서 압축 압력은 양호하지만, 실린더 누설 테스트 중 피스톤 링에서 누설이 발생한다면 이는 피스톤 링이 원활하게 움직이지 못한 고착 불량일 가능성이 크다.
- 압축압력 테스트 결과 불량인데 의외로 누설이 상대적으로 덜하다면 밸브 트레인 불량

일 가능성이 크다. 밸브 타이밍이 틀렸거나 밸브 열림 정도가 작을 수 있다. 리프터 lifter가 고장인지, 캠 로브 cam lobe 가 마모되었는지 검사한다.

- 누설테스트는 양호한데, 압축 압력 테스트가 불량하다면 밸브 타이밍이 잘못된 가능성이 크다.
- 압축압력 테스트 결과도 좋고, 누설 테스트 결과도 좋은데, 의외로 파워 밸런스 테스트 결과는 좋지 않으면 연소실 외부에 원인이 있을 수 있다. 점화와 연료시스템은 양호하다면, 밸브 트레인, 리프터, 흡기 매니폴드, 밸브가이드 불량일 수 있다.

공기가 새는 방향	해석
공기가 스로틀 어셈블리에서 나옴	흡기밸브의 불량
공기가 배기시스템에, tail pipe 에서 나옴	배기밸브의 불량
공기가 테스트 하는 옆에서 나옴	헤드개스킷 파손, 실린더 헤드 파손
공기가 라디에이터에서 나옴	헤드개스킷 파손, 실린더 헤드 파손, 균열
공기가 오일 딥 스틱 deep stick 밸브 커버 브레스 캡 breather cap에서 나옴	피스톤 링 마모 불량

A.9. 오실로스코프 등을 이용한 고장진단

— Diagnose engine mechanical, electrical, electronic, fuel, and ignition problems with an oscilloscope, engine analyzer, and/or scan tool; determine needed action.

9.1 오실로스코프 oscilloscope

주로 센서 및 액추에이터의 파형을 검출하고, 파형의 구간별로 갖는 의미를 해석함으로서 시스템의 전반적인 이상 유무를 확인할 수 있다. 다음은 인젝터 파형이다.

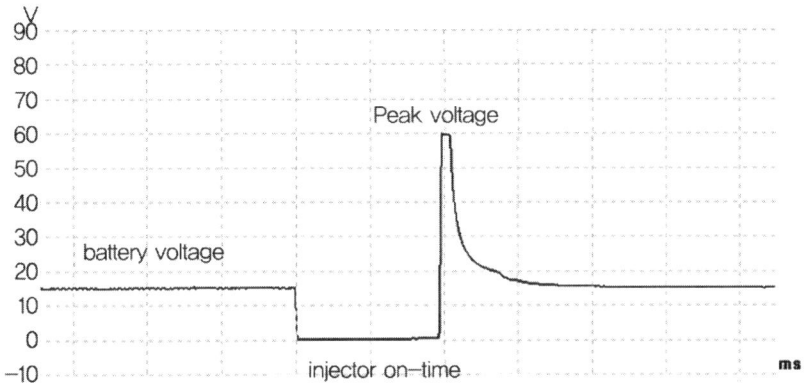

❶ 배터리 전압은 약 13~14V 정도이어야 한다. 만약 이보다 낮으면 인젝터 전원 회로에 문제가 있든가 아니면 충전 시스템에 문제가 있음을 암시한다.

❷ 인젝터 작동구간 시 전압은 거의 0V로 떨어져야 한다. 그림에서처럼 인젝터 작동 구간의 파형은 수직과 수평으로 나와야 한다. 만약 인젝터 작동구간 시 전압이 0V 이상이거나 파형도 매끈하게 나오지 않는다면 이것은 인젝터 단품에 문제가 있음을 암시한다.

❸ 인젝터가 OFF되는 시점에 발생하는 피크 전압은 보통 70~80kV 정도가 나와야 정상이다. 만약 피크 전압이 지나치게 높으면 인젝터 단품 불량이거나 컴퓨터와 인젝터 간 접촉 불량, 컴퓨터 내부 접지 불량을 암시할 수 있다.

9.2 엔진 진단기 | engine analyzer

엔진 진단기는 오실로스코프 기능 외에도 기본적인 전압 및 전류 측정, 점화시스템 1차, 2차 회로 측정, 엔진 파워 밸런스 테스트, 배기가스를 분석할 수 있는 기능을 가지고 있다.

엔진의 부하조건에 따라 배출되는 배기가스에서 CO, HC, NOx, CO_2, O_2 배출량을 분석함으로서 여러 엔진의 시스템들 중에서 예를 들면 점화시스템, 연료 시스템, 흡기 시스템, 배기시스템 등 어느 시스템에 문제가 발생했는지 유추할 수 있도록 해 준다.

9.3 스캔 툴 scan tool

스캔 툴은 간단하게 DTC만 검출하는 스캐너에서부터 각종 액추에이터 테스트와 오실로스코프 기능을 함유하는 고급 사양의 스캔 툴까지 다양하다. 그러나 고급 사양의 스캔 툴이라 할지라도 모든 DTC를 검출하지는 못한다. 일부 차종에 따라서는 해당 자동차 제조사의 전문 스캔 툴에 의해서만 DTC를 검출할 수 있다.

A.10. 배기가스 분석

— Prepare and inspect vehicle and analyzer for HC, CO, CO_2, and O_2 exhaust gas analysis; perform test and interpret exhaust gas readings.

10.1. 배기가스 특성

❶ CO는 연소반응에 의해 생성되는 부산물이다. 공연비가 농후할수록 CO값은 커진다. 따라서 CO는 공연비가 농후한가에 대한 판단기준이 될 수 있다.

❷ HC는 미연소된 연료가스이다. 완전연소에 가까울수록 HC 발생은 낮아진다. 반대로 농후한 공연비나 희박한 공연비일수록 HC 발생률은 높아진다.

❸ CO_2는 완전연소를 나타내는 지표라 할 수 있다. 보통 정상인 경우에는 배출가스의 평균 12%이지만, 실화가 발생하면 평균 8%로 감소한다.

❹ O_2는 완전연소를 나타내는 지표라 할 수 있다. 보통 정상적인 연소가 발생한다면 O_2는 평균 0.8%이지만, 희박 공연비로 인한 실화가 발생하면 산소발생량은 약 2~4%로 급상승한다.

❺ NOx는 고온에서 질소N_2와 산소O_2가 반응하여 생성하는 질소 산화물로서 보통 NO, NO_2, NO_3을 통칭하여 모두 NOx라 부른다. 희박공연비일수록 NOx의 발생률도 상승한다.

10.2 배기가스 발생가능 원인

구 분	HC	CO	NOx
공연비 air fuel ratio	농후 또는 희박 시 증가	농후 시 증가	희박 시 증가
실화 misfire 발생	급증	감소	-
점화시기 ignition timing	과다 진각 시 증가	-	과다 진각 시 증가
진공 누설 vacuum leak	증가	-	증가

점화시기가 빠를 때는 연소실 온도 상승으로 HC와 NOx가 상승한다. 반면에 점화시기가 늦을 때는 HC와 NOx 발생이 감소한다. CO 발생원인은 점화시기와는 관련이 가장 적다

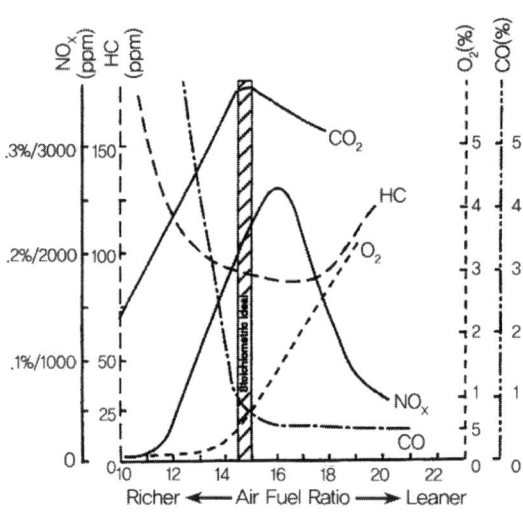

스토치오메트릭 도표 stoichiometric chart 에서 이상적인 공연비는 14.7:1이다. 이 공연비를 람다 λ, lamda 라고 부르기도 한다.

(1) **탄화수소** HC
- 람다를 기준으로 공연비가 람다에 가까울수록 감소하다가 람다를 지나 희박한 공연비 구간에서는 다시 증가하는 경향을 보인다. 따라서 HC가 지나치게 높다고 해서 농후한 공연비로 즉시 판단해서는 안 된다.
- HC의 가장 큰 특징은, 다른 배출가스와 비교해서, 유일하게 람다를 기준으로 농후 및 희박 구간에서 증가한다.

(2) **질소 산화물** NOx
- 스토치오메트릭 도표에서 농후한 공연비에서 희박한 공연비로 갈수록 NOx는 증가한다. 그러나 공연비 16:1 구간을 지나면 다시 감소하기 시작한다.

- 공연비가 15:1~16:1이 가장 높은 NOx 발생률을 기록한다.

(3) **일산화탄소** CO
- 공연비가 희박할수록 발생률도 감소한다. 특히 람다 구간을 지나면 급격히 감소한다.

(4) **산소** CO_2
- 공연비가 희박할수록 발생률이 증가한다. 특히 람다 구간을 지나면 급격히 증가한다.

(5) **이산화탄소** CO_2
- 람다 구간에서 가장 발생률이 높으며, 농후하거나 희박하거나 모두 람다λ를 중심으로 감소하기 시작한다.

A.11. 밸브 조정

— Verify valve adjustment on engines with mechanical or hydraulic lifters.

- 밸브 트레인 간극을 밸브 래시 valve lash 라고도 한다. 과대한 밸브 래시는 노이즈 또는 손상 등을 유발시킨다. 기계식 리프터를 사용하는 모든 엔진은 밸브 래시를 조정해야 한다.
- 밸브 래시는 밸브 팁 tip 과 로커 암 또는 캠 로브 cam lobe 사이에 필러 게이지를 삽입해서 측정한다.
- 밸브간극이 지나치게 크면 밸브가 열릴 때는 늦게 열리고, 닫힐 때는 빨리 닫힌다. 반대로 너무 작으면, 빨리 열리고 늦게 닫힌다.
- 유압 리프터가 밸브 트레인의 온도변화에 따른 팽창 또는 마모에 의한 간극 변화를 자동적으로 보상해 주기 때문에 밸브간극이 없다.

A.12. 캠샤프트 타이밍 확인

— Verify camshaft timing; determine needed action.

캠샤프트가 한 번 회전할 때, 크랭크샤프트는 두 번 회전한다. 즉 기어비가 2:1이다. 흡기밸브와 배기밸브가 동시에 열려 있는 구간을 밸브 오버랩 overlap 이라 한다. 오버랩 계산은 흡기밸브의 열림 각도 BTDC 21° 와 배기밸브의 닫힘 각도 ATDC 15° 의 합습이므로 36°가 오버랩이다. 가변 타이밍 장치 variable-timing device 를 사용하여 고속 주행 시 흡기밸브를 좀 더 열어 체적효율을 높인다.

A.13. 엔진 작동 온도, 냉각수 상태 점검, 냉각 시스템 압력 테스트

— Verify engine operating temperature, check coolant level and condition, perform cooling system pressure test; determine needed repairs.

- **연료 누설** fuel leak : 호스 크램프 hose cramp 와 피팅 fitting 의 이완 느슨함, 연료 파이프의 찌그러짐 및 균열손상, 연료압력 레귤레이터 오-링 O-ring 등을 검사한다.
- **오일 누설** oil leak : 밸브 커버 개스킷, 오일팬 개스킷, 프론트 메인 실 front main seal, 리어 메인 실 rear main seal, 오일 압력센서 등에서의 누유를 점검한다.
- **냉각수 누설** coolant leak : 냉각수 압력 테스터 coolant pressure tester 로 25psi의 압력을 가하고 10분을 기다린다. 만약 외부에 누설이 없으면서 압력이 5psi까지 떨어진다면 헤드 개스킷 파손, 히터 코어 누설이 원인이 될 수 있다.

A.14. 냉각 팬, 팬 클러치, 팬 컨트롤 디바이스

— Inspect and test mechanical/electrical fans, fan clutch, fan shroud/ducting, and fan control devices;

- 고속 주행 시에는 자동차 전면에서 공기가 라디에이터를 스쳐 지나면서 라디에이터의 냉각작용을 돕지만, 도시 정체구간에서는 엔진의 과열을 방지하기 위해서 냉각 팬을 작동시켜 라디에이터를 냉각시킬 필요가 있다.
- 팬 클러치는 주로 기계식 냉각 팬에 사용된다. 팬 클러치는 워터 펌프 풀리와 냉각팬 사이에 장착되어 있는 유체 커플링이라 할 수 있다.
- 공기의 온도에 의해서 서모스태틱 디바이스 thermostatic device 는 수축함으로서 밸브를 열어 실리콘 오일이 유체 커플링 내부로 들어와 클러치가 작동되어 냉각팬이 작동하게 된다.
- 엔진이 차가운 경우에는 유체 커플링이 그냥 공회전함으로서 냉각팬이 작동하지 않는다. 엔진온도가 상승하게 되면 서모스태틱 스프링이 더 많은 실리콘 오일을 유체 클러치에 들어가게 해서 팬 클러치가 작동하게 된다.
- 서모스태틱 스위치를 이용한 전기 냉각팬 회로에서 엔진온도가 상승하면 서모스택틱 스위치가 닫힘으로서 릴레이에 전원이 연결되어 전기 냉각팬이 작동하게 된다.
- 전기 냉각팬이 작동하지 않는 경우 점검항목은 릴레이, 퓨즈, 전동 팬 모터 커넥터 연결 상태, 서모 스위치 저항 등을 측정한다. 전동 팬 모터에 직접 배터리를 연결하여 전동 팬 모터가 작동하는지 확인한다.

A.15. 전기 회로도 해석

— Read and interpret electrical schematic diagrams and symbols.

15.1 전기회로도에 사용되는 기호 symbols

제조사에 따라서 전기 회로도 기호는 다를 수 있기 때문에 각 제조사 매뉴얼을 참조한다.

참고 전기 회로도 용어 및 기호

TERM(S)	SYMBOL(S)	TERM(S)	SYMBOL(S)	TERM(S)	SYMBOL(S)
DISTRIBUTOR, IIA		BATTERY		HEADLIGHTS	
FUSE, FUSIBLE LINK		CAPACITOR (Condenser)		1. SINGLE FILAMENT	1.
		CIGARETTE LIGHTER		2. DOUBLE FILAMENT	2.
GROUND		CIRCUIT BREAKER		HORN	
LED (Light Emitting Diode)		DIODE		DIODE, ZENER	
METER, ANALOG		METER, DIGITAL		IGNITION COIL	
RELAY		SWITCH, MANUAL		MOTOR	
1. NORMALLY	1.	1. NORMALLY OPEN	1.	SENSOR (Thermistor)	
2. NORMALLY OPEN	2.	2. NORMALLY CLOSED	2.	SWITCH, WIPER PARK	
RELAY, DOUBLE THROW		SPEAKER		LIGHT	
RESISTOR		SWITCH, DOUBLE THROW		RESISTOR, TAPPED	

15.2 전기 회로도 해석

간단한 혼 Horn 회로를 예를 든다.

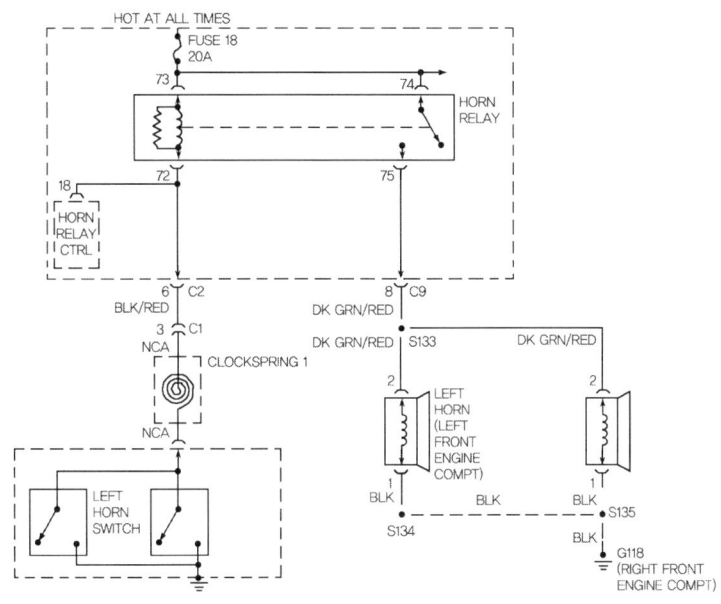

그림 1 Horn circuit

❶ 전원은 항상 Hot at all times 퓨즈 18 20A를 걸쳐 혼 릴레이 73과 74까지 공급된다.

❷ 전원은 계속해서 73 → 72 → 6 → 클록스프링 → 좌/우 혼 스위치까지 공급된다.

❸ 운전자가 혼 스위치를 누르면 스위치가 닫히면서 접지가 연결되어 전원이 흐르게 된다.

❹ 동시에 혼 릴레이의 74와 75 스위치도 연결되어 좌측/우측 혼에 전원이 모두 공급된다.

❺ 전원이 공급되면 좌/우 혼이 작동 경고음 하고, 마지막으로 접지 G118로 흐르게 된다.

True or False Review Questions

01. 가속시 일시적으로 주춤했다가 가속이 되는 현상을 서징 surging이라 부른다.

> False 서징은 불안정한 정속 주행 상태를 말하며, 가속 시 일시적으로 주춤했다가 가속이 되는 현상은 헤지테이션 Hegitation 이라 부른다.

02. 엔진의 고장 현상에 대한 TSB 정보를 확인한 후 육안 검사 및 작동상태 확인한다.

> False 일반적으로 엔진의 고장 현상에 대하여 먼저 육안 검사 실시 및 작동불능상태 재확인 점검 등을 실시한다. 그 다음에 고장 진단을 실시하기 전에 TSB 정보를 확인하는 것이 고장 진단에 소요되는 시간을 제거할 수 있다.

03. 만약 커넥팅 로드 베어링이 심하게 마모되면, 공회전시 엔진에서 묵직한 노킹 노이즈가 들릴 수 있다.

> True 커넥팅로드 베어링의 마모되었거나 느슨하다면 엔진 아이들에서 노이즈가 들릴 것이다. 베어링의 마모 정도에 따라 가벼운 탭핑 노이즈에서 묵직한 노크 노이즈까지 다양하다.

04. 가속시 고음의 노이즈가 들린다면 흡기 매니폴드의 누설에 의해 발생한 것이다.

> False 흡기 매니폴드에 누설이 발생하여 고음의 노이즈가 발생할 경우 가속 페달을 밟으면 노이즈가 감소할 것이다. 오히려 가속 시 노이즈가 심해진다면 배기 매니폴드 또는 배기 파이프의 누설에 의해 발생할 가능성이 크다.

05. 만약 엔진 상태가 양호하다면, 진공 테스트 시 공회전 진공값은 18~22inch.Hg 사이에서 바늘이 안정적으로 나와야 한다.

> True 정상적인 엔진이라면 공회전 시 진공값은 18~22inch.Hg 사이에서 바늘이 흔들리지 않고 안정적이어야 한다.

06. 실린더 파워 밸런스 테스트시, 엔진 RPM이 가장 적게 나온 실린더가 가장 양호한 상태이다.

> False 실린더 파워 밸런스 테스트 시 엔진 RPM이 가장 적개 나오는 실린더를 위크 실린더 weak cylinder라 부르며 엔진 성능 저하나 출력부족의 원인이 된다.

07. 압축 압력 테스트 실시할 때 각 실린더의 압축압력 편차는 20% 이내이여야 한다.

True 가급적 실린더 간의 압력편차가 적은 것이 바람직하며, 만약 20% 이상을 초과하면 불량한 것으로 판단한다.

08. 실린더 누설 테스트 결과 공기가 오일 딥 스틱 튜브에서 나온다면 피스톤 링 마모 불량일 가능성이 크다.

True 만약 피스톤 링의 마모가 심한 경우 공기는 피스톤 링을 지나 크랭크케이스에 밀집되어 있다가 오일 딥 스틱 튜브로 빠져 나올 것이다.

09. 공연비가 농후하거나 희박할수록 HC, CO값은 커진다.

False CO는 공연비가 농후할 때만 커진다. 반면에 공연비가 농후 혹은 희박할 때 HC 발생률은 커진다.

10. 가변 타이밍 장치는 저속 주행할 때 흡기 밸브를 좀 더 열어 체적효율을 높인다.

False 저속 주행 시가 아닌 고속주행 시 가변 타이밍 장치는 흡기 밸브를 좀 더 열어 체적효율을 높인다.

ASE Style Question

01. Which of the following is LEAST-likely to be caused low boost pressure at turbo charger system?

(A) Low engine compression
(B) Stuck open wastegate valve
(C) Severe oil contamination
(D) Loosen drive belt

번역 다음 중 어느 것이 터보차저 시스템에서 낮은 부스트 압력을 일으키는 원인 중 가장 관련이 적은 것은?
(A) 낮은 엔진 압축압력
(B) 웨이스트게이트 열린 채 고착
(C) 심한 오일의 오염
(D) 드라이브 벨트의 느슨함

터보차저의 부스트 압력이 낮은 원인으로 낮은 압축압력, 웨이스트 밸브 열림, 오일 오염 등을 열거할 수 있다.(D) 드라이브 벨트는 수퍼 차저 시스템에서 낮은 부스트 압력의 가능 원인이 된다.

정답 D

02. Technician A says that a vacuum leak in intake manifold can make O_2 level higher than normal.
Technician B says that a vacuum leak in intake manifold can make engine be rough idle. Who is correct?

(A) A only   (B) B only   (C) Both A and B   (D) Neither A nor B

번역 정비사 A : 흡기 매니폴드에서 진공 누설은 보통의 경우보다 더 높은 O_2 양을 발생시킬 수 있다.
정비사 B : 흡기 매니폴드에서 진공 누설은 엔진을 아이들 불량을 발생시킬 수 있다. 누가 맞는가?
(A) A만   (B) B만   (C) A와 B 모두   (D) 둘 다 아니다.

흡기 매니폴드에서 진공 누설되는 틈을 통해 공기가 침투하여 공연비를 희박하게 만든다. 희박한 공연비는 배출가스에서 산소량을 증가시킨다. 한편 공연비가 지나치게 희박하면 실화를 발생시켜 심한 아이들 불량(rough idle)을 발생시킬 수 있다. 정비사 A, B 모두 맞다.

정답 C

UNIT 2 테스트 사양 및 작업 목록 **69**

03.

After performing a cylinder compression test, cylinder #3 and #4 shows low pressure readings on adjacent cylinders. Which of the following is MOST-likely cause of this test result?

(A) Burned valves (B) Worn cylinder wall
(C) Leak intake manifold (D) Blown cylinder head gasket

번역 실린더 압축 압력 테스트를 실시한 후, 3번 실린더와 이에 인접해 있는 4번 실린더가 낮은 압축 압력을 보이고 있다. 다음 중 어느 것이 가장 가능성 있는 테스트 결과의 원인이 되겠는가?
(A) 밸브가 탄 경우 (B) 실린더 벽의 마모
(C) 흡기 매니폴드의 누설 (D) 실린더 헤드 개스킷 훼손

> 실린더 압축 압력 테스트에서 인접한 실린더끼리 압축 압력이 낮다면 실린더 헤드 개스킷 불량이 가장 큰 원인이 될 수 있다.

정답 D

단어 **stuck open** 열린 채 고착된 / **contamination** 오염 / **rough idle** 아이들 불량(떨림 현상이 매우 심한 상태) **after performing** 실시한 후 / **adjacent cylinder** 인접한 실린더

04. Technician A says that a VVT system may decrease the overlap at high speed. Technician B says that a VVT system may advance the intake timing under heavy-load, high rpm condition to improve power. Who is correct?

(A) A only (B) B only (C) Both A and B (D) Neither A nor B

> 번역 정비사 A : 가변 밸브 타이밍 시스템은 고속에서 오버랩을 감소시킬 수도 있다.
> 정비사 B : 가변 밸브 타이밍 시스템은 중부하시에 출력을 증가시키기 위해서 흡기 타이밍을 진각시킬 수 있다. 누가 맞는가?
> (A) A만 (B) B만 (C) A와 B 모두 (D) 둘 다 아니다
>
> 가변 밸브 타이밍은 고속에서 오버랩이 증가한다. 반대로 중부하(heavy load)에서는 흡기 밸브 타이밍을 지각시킨다.
>
> 정답 D

05. Technician A says blue smoke in exhaust pipe indicates a rich air fuel mixture. Technician B says that white smoke in the exhaust pipe indicates coolant leakage in the combustion chamber. Who is correct?

(A) A only (B) B only (C) Both A and B (D) Neither A nor B

> 번역 정비사 A : 배기 파이프에서 청색의 스모크는 농후한 공연비를 나타낸다.
> 정비사 B : 배기 파이프에서 백색의 스모크는 연소실에 유입되는 냉각수를 나타낸다. 누가 맞는가?
> (A) A만 (B) B만 (C) A와 B 모두 (D) 둘 다 아니다.
>
> 배기 파이프에서 청색의 스모크는 오일이 연소실에 유입되어 연소되고 있음을 암시한다. 백색의 스모크는 냉각수가 연소실에 유입되어 연소되고 있음을 암시한다. 한편 공연비가 농후하면 흑색의 스모크가 발생한다.
>
> 정답 B

06.

In the figure, an engine is running properly, but the cooling fan is only inoperative.

Technician A says to inspect the section A whether the ground circuit of CTS is good or not.

Technician B says that if fan motor is grounded badly, this problem can occur. Who is correct?

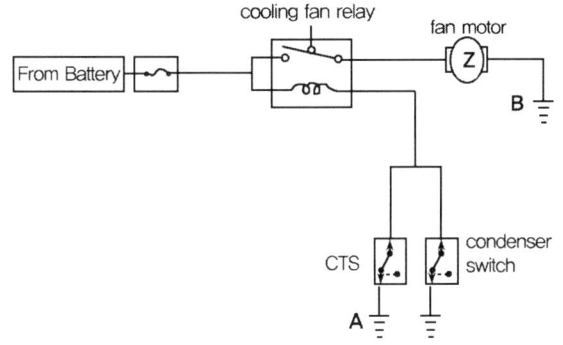

(A) A only   (B) B only   (C) Both A and B   (D) Neither A nor B

번역 그림에서 엔진은 양호하게 작동 중이다. 그러나 냉각 팬만 작동하지 않는다.
정비사 A는 냉각 수온 센서 CTS 의 접지가 양호한지 아닌지 A부분을 확인하라고 말한다.
정비사 B는 만약 냉각 모터가 불량하게 접지되었다면, 이런 문제가 발생할 수 있다. 누가 맞는가?
(A) A만   (B) B만   (C) A와 B 모두   (D) 둘 다 아니다

> 위의 그림에서 냉각 팬 모터는 냉각 수온 센서나 또는 컨덴셔에 의해 회로가 닫히면(closed circuit) 되면 냉각팬이 작동하게 된다. 만약 냉각 수온 센서의 접지가 불량하면 엔진이 정상적으로 작동하지 않을 것이다. 그러나 문제에서 엔진이 정상적으로 작동하고 있다고 하므로 냉각 수온센서의 접지는 양호하다고 간주할 수 있다. 냉각 모터의 접지가 불량하면 냉각 팬이 작동하지 않으므로 B부분의 확인점검이 필요하다.
>
> **정답** B

단어 **may decrease** 감소시킬 수도 있다 / **overlap** 오버랩 / **may advance** 진각시킬 수도 있다 / **improve** 증가시 킨다 / **indicate** 나타내다 / **combustion chamber** 연소실 / **inoperative** 작동하지 않는 / **inspect** 검사하다 / **is grounded badly** 불량하게 접지되어 있다

07.
An engine starts to ping(knock) as soon as it reaches operating temperature but runs well during the warm-up phase.

Technician A says to use higher octane gasoline in order to correct the engine problem.

Technician B says to adjust to be advanced ignition timing. Who is correct?

(A) A only   (B) B only   (C) Both A and B   (D) Neither A nor B

번역 엔진이 정상 작동 온도에 도달하자마자 핑 노이즈 노크 하기 시작한다. 그러나 그전까지 워밍 업 단계에서는 양호하게 작동한다.
정비사 A는 엔진 문제를 고치기 위해서 고 옥탄가 가솔린을 사용하라고 말한다.
정비사 B는 점화시기를 진각으로 조정하라고 말한다. 누가 맞는가?
(A) A만   (B) B만   (C) A와 B 모두   (D) 둘 다 아니다

▲ 저 옥탄 가솔린에 의해 노킹이 발생할 수 있기 때문에 고 옥탄 가솔린으로 연료를 바꿔 보는 것은 타당하다. 노킹이 발생하는 경우에는 점화시기는 진각에서 지각으로 조정되어야 한다.

정답 A

08.
While discussing a defective spark plug at #1 cylinder,

Technician A says that CO emissions would be higher than normal.

Technician B says that this problem can make poor fuel economy. Who is correct?

(A) A only   (B) B only   (C) Both A and B   (D) Neither A nor B

번역 1번 실린더 스파크 플러그 결함을 논하는 중에
정비사 A : CO 유해가스가 정상보다 더 높을 수 있다.
정비사 B : 이 문제로 인하여 연비가 악화될 수 있다. 누가 맞는가?
(A) A만   (B) B만   (C) A와 B 모두   (D) 둘 다 아니다.

▲ 실화에 의한 미연소된 연료가스가 발생하면 CO 유해가스는 감소한다. 정비사 A는 틀리다. 점화플러그 결함에 의해 실화가 발생하면 결과적으로 출력이 부족해지고 그 만큼 더 연료를 소모해야 하므로 결과적으로 연비 악화를 초래한다. 정비사 B는 맞다.

정답 B

09.

While performing an injector balance test on fuel injection engine,
Technician A says that a plugged injector will cause lower fuel pressure drop than normal.
Technician B says that shorted injector will cause higher fuel pressure drop than normal. Who is correct?

(A) A only (B) B only (C) Both A and B (D) Neither A nor B

번역 연료 인젝션 엔진에서 인젝터 밸런스 테스트를 실시하는 중에
정비사 A : 부분적으로 막힌 인젝터는 정상보다 더 낮은 연료압력 감소를 초래할 것이다.
정비사 B : 단락한 인젝터은 정상보다 더 높은 연료압력 감소를 초래할 것이다. 누가 맞는가?
(A) A만   (B) B만   (C) A와 B 모두   (D) 둘 다 아니다

인젝터 노즐이 부분적으로 막혔다면 인젝터 밸런스 테스트에서 연료압력 감소는 더 적을 것이다. 정비사 A는 맞다. 반면에 단락된 인젝터는 연료가 더 많이 분사됨으로서 연료압력 감소가 정상보다 더 높을 것이다. 정비사 B는 맞다.

정답 C

단어 as soon as ~ 하자마자 / reach 도달하다 / phase 단계 / octane 옥탄가 / correct 조정하다, 수정하다 / defective 결함있는 / emission 유해가스 / higher than normal 정상보다 높은 / poor fuel economy 연비 악화 / while performing 실시하는 중에 / plugged injector 막힌 인젝터 / shorted injector 단락된 인젝터

10. Technician A says that worn piston ring may cause a light clicking noise at idle rpm.

Technician B says that worn camshaft bearing may cause heavy thumping noise when the engine is started. Who is correct?

(A) A only　　　(B) B only　　　(C) Both A and B　(D) Neither A nor B

> **번역** 정비사 A : 마모된 피스톤 링이 아이들 RPM에서 가벼운 클릭킹 노이즈를 초래할 수도 있다.
> 정비사 B : 캠샤프트 베어링 마모는 엔진 시동 시 묵직한 "쿵" 노이즈를 초래할 수도 있다. 누가 맞는가?
> (A) A만　　　(B) B만　　　(C) A와 B 모두　　　(D) 둘 다 아니다.
>
> ▲ 피스톤 링이 마모되면 보통 슬랩(slap, 딱딱하는) 노이즈가 발생한다. 가벼운 클릭킹 노이즈는 보통 밸브 조정이 부정확하거나 밸브트레인에 오일이 부족한 경우에 발생한다. 묵직한 "쿵" 노이즈는 크랭크샤프트 베어링이 심하게 마모된 경우에 발생한다. 정비사 A, B 모두 틀리다.
>
> **정답 D**

11. Technician A says that an excessive sulfur smell in the exhaust of a vehicle with a catalytic converter can be an indication of excessive blow-by gas.

Technician B says that a puff noise at regular intervals from tail pipe might indicates defective ignition system

(A) A only　　　(B) B only　　　(C) Both A and B　(D) Neither A nor B

> **번역** 정비사 A : 촉매 컨버터를 가진 자동차의 배기에서 지나치게 많은 황 냄새는 지나친 블로바이 가스의 암시를 나타낸다.
> 정비사 B : 테일 파이프에서 규칙적 간격으로 퍼프 노이즈는 결함 있는 점화시스템을 암시할 수도 있다. 누가 맞는가?
> (A) A만　　　(B) B만　　　(C) A와 B 모두　　　(D) 둘 다 아니다.
>
> ▲ 배기에서 황 냄새가 지나치게 나면 공연비가 지나치게 농후한 경우이다. 정비사 A는 틀리다. 정상 엔진에서의 배기가스는 일정하게 배출된다. 그러나 퍼프 노이즈 puff noise 같이 배기가스가 배출된다면, 한 실린더에서 점화 시스템의 결함으로 불완전 연소가 발생하고 있음을 암시할 수 있다. 정비사 B는 맞다.
>
> **정답 B**

12.

A vacuum gauge connected to the intake manifold during idling fluctuates between 10~25in. Hg, which indicates _____.

(A) Exhaust manifold vacuum leaks (B) Advanced ignition timing
(C) A restricted exhaust system   (D) Weak valve spring

> 번역 공회전시 흡기 매니폴드에 연결한 진공 게이지가 10 ~ 25in.Hg사이에서 상하로 흔들린다. 이것은 _____을 의미한다.
> (A) 배기 매니폴드 진공 누설   (B) 진각된 점화 시기
> (C) 막힌 배기 시스템   (D) 장력이 약한 밸브 스프링
>
> 진공 게이지가 10~25in.Hg 사이에서 매우 떨린다면 밸브 스프링의 장력이 약해졌거나 스프링이 파손된 경우이다.
>
> 정답 D

단어 **may cause** 초래할 수 있다 / **excessive sulfur** 지나치게 많은 황 냄새 / **an indication** 암시 / **puff** 한 번 훅 부는 것 / **regular intervals** 규칙적인 간격 / **defective** 결함있는 / **fluctuate** 상하로 흔들리다,

13. As a result of a compression test, cylinder #2 has 80 psi, while the others have between 170 psi ~ 180 psi. Which of the following is the MOST-likely cause of low compression pressure?

(A) Defective valve seal
(B) Wrong valve timing
(C) Exhaust manifold leak
(D) Worn cylinder wall

> **번역** 압축 압력 테스트의 결과로서, 실린더 #2의 압축압력은 80psi이다. 반면에 다른 실린더들의 압축 압력은 170~180psi 사이이다. 낮은 압축압력에 대해 다음 중 어느 것이 가장 가능성 있는 원인이 되겠는가?
> (A) 결함 있는 밸브 실
> (B) 잘못된 밸브 타이밍
> (C) 배기 매니폴드 누설
> (D) 마모된 실린더 벽
>
> 낮은 압축압력의 발생 가능 원인으로 피스톤의 손상, 피스톤 링의 마모, 실린더 벽의 마모 등을 열거할 수 있다. 밸브 실의 마모되면 과다한 오일 소모를 초래하지 압축 압력 저하를 초래하지는 않는다. 밸브 타이밍이 잘못되면 다른 실린더도 낮은 압축압력이 발생할 것이다. 문제에서 다른 실린더의 압축압력은 양호하므로 발생 가능 원인으로 볼 수 없다. 배기 매니폴드 누설은 O_2 센서에 영향을 미치지 압축압력에 큰 영향을 미치지 않는다. 따라서 D. 실린더 벽 마모가 정답이다.
>
> **정답** D

14. During a cylinder leakage test, air comes out the throttle body assembly.
Technician A says that piston rings may be worn.
Technician B says that intake valve can be damaged. Who is correct?

(A) A only
(B) B only
(C) Both A and B
(D) Neither A nor B

> **번역** 실린더 누설 시험 중 공기가 스로틀 바디 어셈블리에서 나온다.
> 정비사 A : 피스톤 링이 마모되어 있을 수 있지도 모른다.
> 정비사 B : 흡기 밸브가 손상되어 있을 수 있다. 누가 맞는가?
> (A) A만
> (B) B만
> (C) A와 B 모두
> (D) 둘 다 아니다
>
> 흡기밸브가 손상되어 있다면 실린더 누설 시험할 때 공기가 스로틀 바디 어셈블리에서 빠져 나올 수 있다.
>
> **정답** B

UNIT 2 테스트 사양 및 작업 목록 77

15. The following is the result of compression pressures.

Cylinder #1	Cylinder #2	Cylinder #3	Cylinder #4
128 psi	130 psi	76 psi	132 psi

A wet compression test shows that the pressure of cylinder #3 increases to 126 psi.

Technician A says that worn piston rings can be the possible cause.
Technician B says that excessive carbon deposit can make this test result. Who is correct?

(A) A only (B) B only (C) Both A and B (D) Neither A nor B

번역 다음은 압축압력의 결과이다.

실린더 #1	실린더 #2	실린더 #3	실린더 #4
128psi	130psi	76psi	132psi

습식 압축 테스트는 3번 실린더 압축압력이 126으로 상승한다.
정비사 A : 마모된 피스톤이 발생 가능 원인이 될 수 있다.
정비사 B : 지나친 탄소 퇴적물이 이 테스트 결과를 발생시킬 수 있다. 누가 맞는가?

(A) A만 (B) B만 (C) A와 B 모두 (D) 둘 다 아니다

> 압축 압력 테스트 결과 낮은 압축 압력이 나왔다면 이 테스트 결과가 피스톤 링에 의한 것인지 확인할 수 있는 방법이 습식 압축 테스트이다. 만약 습식 압축 테스트할 때 압력이 상승하면 피스톤 링 마모를 암시한다.

정답 C

단어 as a result of 결과로서 / may be worn 마모되어 있을 지도 모른다 / can be damaged 손상되어 있을 수 있다 / increase 증가시키다 / possible cause 가능 원인 / carbon deposit 탄소 퇴적물

16. Technician A says that excessive HC emissions may be caused by excessive lean air/fuel ratio.
Technician B says that excessive CO emission may be caused by dirty air filter. Who is correct?

(A) A only　　　(B) B only　　　(C) Both A and B　(D) Neither A nor B

> **번역** 정비사 A : 지나친 HC 유해가스는 지나친 희박 공연비에 의해 발생할 수 있다.
> 정비사 B : 지나친 CO 유해가스는 더러운 공기 필터에 의해 발생할 수 있다. 누가 맞는가?
> (A) A만　　(B) B만　　(C) A와 B 모두　　(D) 둘 다 아니다
>
> HC는 공연비가 지나치게 농후하거나 희박할 때 HC 발생량이 증가한다. 정비사 A는 맞다. CO는 공연비가 농후할 때 발생량이 증가하므로 오염된 공기 필터는 공연비를 농후하게 만드는 원인에 해당한다. 정비사 B도 맞다.
>
> **정답** C

17. Technician A says that part A is to control the current flow according to the amount of light.
Technician B says that part B is to emit light upon current flow. Who is correct?

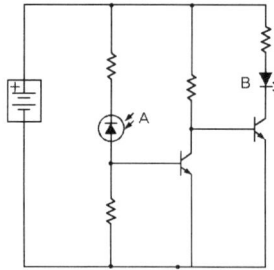

(A) A only　　　(B) B only　　　(C) Both A and B　(D) Neither A nor B

> **번역** 정비사 A : 부품 A는 빛의 양에 따라서 전류를 컨트롤 한다.
> 정비사 B : 부품 B는 전류량에 따라 빛을 발산한다. 누가 맞는가?
> (A) A만　　(B) B만　　(C) A와 B 모두　　(D) 둘 다 아니다
>
> 부품 A는 포토다이오드이다. 포토다이오드는 빛의 양에 따라 전류를 조절하는 반도체이다. 부품 B는 전류의 양에 따라 빛을 방출하는 다이오드이다.
>
> **정답** C

18. Technician A says that retarded timing reduces engine power and exhaust gas temperature will be decreased.

Technician B says that base timing on most DIS & COP ignition system is not adjustable. Who is correct?

(A) A only   (B) B only   (C) Both A and B   (D) Neither A nor B

번역 정비사 A : 점화 지각은 엔진 파워를 감소시키고 배기가스 온도는 감소될 것이다.
정비사 B : 대부분 DIS와 COP 점화 시스템에서의 기본 점화시기는 조정할 수 없다. 누가 맞는가?
(A) A만   (B) B만   (C) A와 B 모두   (D) 둘 다 아니다

> 점화 시기가 지각되면 불완전 연소가 발생하여 출력 저하 현상이 발생하고 배기가스 온도는 증가한다. 정비사 A는 틀리다. DIS 및 COP 점화 시스템에서의 기본 점화시기는 컴퓨터에 의해 제어되기 때문에 점화시기를 조정할 수 없다. 따라서 정비사 B는 맞다.
>
> **정답** B

단어 **excessive** 지나친 / **emission** 유해가스 / **lean** 희박한 / **dirty** 더러운 / **current flow** 전류 흐름 / **according to** ~ 따라서 / **emit** 발산하다 / **retarded timing** 점화 지각 / **will be decreased** 감소될 것이다 / **not adjustable** 조정할 수 없는

19. A random misfire DTC(PO300) has been set on a V-6 port-injected engine.
Technician A says that this DTC may be caused by a cracked spark plug insulator.
Technician B says that this DTC may be caused by a stuck -closed EGR valve. Who is right?

(A) A only   (B) B only   (C) Both A and B   (D) Neither A nor B

번역 V6 포트 인젝터 엔진에서 무작위 실화 고장 코드(PO300)가 발생하였다.
정비사 A : 이 고장코드는 스파크 플러그 인슐레이터 균열에 의해 발생할 수 있다.
정비사 B : 이 고장코드는 닫힌 채 막힌 EGR 밸브에 의해 발생할 수 있다. 누가 맞는가?
(A) A만   (B) B만   (C) A와 B 모두   (D) 둘 다 아니다.

> 스파크 플러그 인슐레이터 균열은 점화에너지를 감소시켜 결국 점화 불량을 초래한다. 정비사 A는 맞다. 반면에 닫힌 채 막힌 EGR 밸브는 NOx 급증, 노크, 데토네이션 발생의 원인이 된다. 따라서 정비사 B는 틀리다.

정답 A

단어 random misfire 무작위 실화 / stuck closed 닫힌 채 막힌

Chapter B

Ignition System Diagnosis and Repair 8questions

점화 시스템 진단과 수리 8문항

B.1. 점화 시스템 고장에 의한 고장 진단
시동불능, 시동지연, 실화, 노크, 성능-출력부족, 연비, 배기가스

— Diagnose ignition system related problems such as no-starting, hard starting, engine misfire, poor drivability, spark knock, power loss, poor mileage, and emissions problems; determine root cause;

1.1. 엔진시동불능 No engine starting

크랭킹은 되지만 엔진시동이 걸리지 않는 경우 먼저 스파크 테스트를 실시하여 점화플러그의 불꽃 spark 을 확인한다. 만약 모든 스파크 플러그에서 불꽃이 튀지 않는다면 발생가능원인은 다음과 같다.

❶ 점화모듈의 단선, 접지불량, 부식

❷ 픽업코일 pickup coil, 리덕터 reluctor, 크랭크 포지션 센서 CKP 의 결함

❸ 점화 1차 코일 단선

❹ 디스트리뷰터 캡과 로터의 불량

참고 점화 시기에 영향을 주는 컴퓨터 입력 신호

구 분	종 류
온도 센서	냉각 수온 센서 coolant temperature sensor 흡기온 센서 air temperature sensor 자동 변속기 유온 센서 autotransmission fluid temperature sensor
스피드 센서	차속 센서 vehicle speed sensor 크랭크 포지션 센서 crankshaft position sensor 캠 샤프트 포지션 센서 camshaft position sensor
엔진 부하 센서	맵 센서 MAP ; manifold absolute pressure, sensor 스로틀 포지션 센서 Throttle position sensor 에어 플로우 센서 Air flow sensor
공연비 센서	산소 센서 Oxygen sensor
스위치	인히비터 스위치 Inhibitor switch 에어컨 스위치 Air conditioning switch
기타	노크 센서 Knock sensor

1.2. 실화 Misfire

엔진 실화 misfire 또는 실화로 인한 출력 부족 power loss

❶ 파울 스파크 플러그 fouled spark plug

❷ 디스트리뷰터 캡/로터 불량

❸ 스파크플러그 와이어 결함

❹ 점화코일 결함

❺ 고전압 누전 high voltage leakage

보통 엔진 실화가 발생하면 OBDII MIL이 점등될 것이다. 스캔 툴을 이용하여 DTC를 검출하고 해당 실린더 점화시스템을 점검한다.

1.3. 스파크 노크 Spark knock

❶ 점화시기가 지나치게 진각 advanced 인 경우

❷ 열가 heat range 가 다른 스파크 플러그가 장착된 경우

1.4. 배기가스 Emission

점화시기가 지나치게 진각 advanced ignition timing 이거나 실화가 발생하면 HC, NOx 발생률이 급격하게 증가한다.

B.2. DTC

— Interpret ignition system related diagnostic trouble codes(DTCs); determine needed repairs.

2.1. 크랭크샤프트와 캠샤프트 타이밍 불일치

P0016	크랭크샤프트 포지션-캠샤프트 포지션 불일치 crankshaft position-camshaft position correlation(bank1 sensor A)
불량가능원인	기계적인 문제 타이밍 체인이 스프로켓 이빨을 이탈(jumped)됐거나, 체인이 늘어짐 ECM 자체 결함

2.2. 크랭크샤프트 포지션 센서

P0335 P0339	크랭크샤프트 포지션 센서 A 회로 crankshaft position sensor A circuit 크랭크샤프트 포지션 센서 B 회로 crankshaft position sensor B circuit
불량가능원인	크랭크샤프트 포지션 센서 회로의 단선/단락 크랭크샤프트 센서 자체 결함 시그널 플레이트 signal plate 결함 ECM 결함

2.3. 점화 코일

P0351	점화코일 A 1차, 2차 회로 결함 Ignition coil A primary/secondary circuit
발생가능원인	점화 시스템 결함, 이그나이터 igniter를 가진 점화코일에서 ECM까지 회로 내 단선/단락 이그나이터를 가진 점화코일 결함 ECM 결함

2.4. 실화 misfire

P0300 P0301,302, P0303,304	불특정/다수 실린더 실화 탐지 Random/Multi cylinder misfire detected 실린더 1~2번 실화 cylinder 1~2 misfire detected 실린더 3~4번 실화 cylinder 3~4 misfire detected
발생가능원인	실화는 점화시스템 외에도 연료, 밸브타이밍, 진공 등에 의해서 발생할 수 있다. 점화시스템 1차, 2차 회로 결함 진공호스 연결 불량 와이어 하니스 커넥터 체결상태 불량 연료시스템 에어 플로우 센서 air flow sensor 불량 냉각수온센서 불량 밸브 간극 및 밸브 타이밍 결함 PCV 호스 및 연결 상태

B.3. 점화 1차 회로 및 부품

― Inspect, test, repair, or replace ignition primary circuit wiring and components.

1970년 중반 이후부터 점화시스템은 접점 contact point 방식에서 트랜지스터나 반도체를 이용한 전자 방식으로 개선 적용되었다. 전자 점화 시스템도 디스트리뷰터 distributor 방식에서 무배전기 distributorless 방식으로 발전한다.

3.1. 디스트리뷰터 방식의 점화 시스템

전자 점화시스템 1차 회로 구성은 배터리, 점화스위치, 점화 1차코일, 이그나이터, 트리거 앤 스위칭 디바이스 trigger and switching device 등으로 구성된다. 이그나이터는 제조사에 따라서 점화 모듈 ignition module 또는 파워 TR이라 부르기도 한다.

3.2. 무배전기 방식 distributorless

❶ **무배전기의 장점**은 배전기를 제거함으로서 점화시기의 정확성, 라디오 전자파 간섭 제거, 주기적으로 점화 시기를 조정해 줄 필요도 없어졌다.

❷ **핵심 구성품** : 이그니션 모듈 ignition module 와 스위칭 디바이스 switching device 가 일체화 된 ECM, 점화코일, 크랭크포지션 센서, 캠샤프트 포지션 센서

❸ **하나의 점화코일에 두개의 점화플러그를 점화시키는 경우**, 하나는 폭발행정에 점화하고, 다른 하나는 배기행정에 점화하기 때문에 점화에너지를 낭비하는 요소를 지니고 있다. 이 방식을 웨이스트 스파크 waste spark 방식이라 부른다.

❹ **크랭크샤프트 포지션 센서** CKP : 크랭크샤프트 센서는 전압신호가 발생시켜 점화모듈에 전달함으로서 ECM은 크랭크샤프트 회전속도와 피스톤의 위치를 알 수 있다. 크랭크포지션 센서의 종류에는 픽업코일 pickup coil 방식과 홀-이펙트 hall-effect 방식이 있다. 엔진 회전수가 PCM에 전달되지 않으면 연료공급이 차단되고 메인 릴레이가 작동되지 않는 전자제어 시스템을 갖춘 차량도 있다.

❺ **캠샤프트 포지션 센서** CPS : ECM은 캠샤프트 포지션 센서를 통하여 1번 실린더 위치를 알 수 있다. 크랭크 포지션 센서는 크랭크샤프트가 2회전할 때 엔진의 실린더 수만큼 전압펄스를 발생시키는 반면, 캠샤프트 포지션 센서는 단 하나의 전압펄스만 발생시킨다. PCM은 캠샤프트 포지션 센서를 통해 각 실린더의 행정을 정확히 파악하여 각 실린더의 독립적인 연료분사 sequential injection 을 제어할 수 있다.

3.3. 직접 점화 방식 Direct Ignition

❶ 각 실린더마다 점화코일이 장착된 방식으로 웨이스트 스파크 방식의 단점을 개선하였고, 점화에너지의 손실을 유발시킬 수 있는 점화플러그 와이어도 불필요하고 점화코일에서 직접 스파크 플러그로 고전압이 전달되기 때문에 점화에너지 효율도 높다.

❷ **DI 타입 스파크 점검 방법** : 점화코일 커넥터를 분리한 다음 점화 코일을 탈거한다. 점화 플러그 소켓을 사용하여 점화 플러그를 탈거한 다음 다시 점화코일에 점화 플러그를 장착한다. 점화 플러그를 엔진 블록 또는 차체에 접지 시킨다. 인젝터 엔진이 크랭킹 하는 동안 스파크가 발생하는지 확인한다. 크랭킹은 가급적 짧게 실시한다. 남은 각 실린더의 점화 플러그도 동일한 방법으로 점검한다. 크랭킹 하는 과정에서 인젝터에서 연료가 분사되지 않도록 인젝터 커넥터도 분리시켜 놓는다.

❸ **점화 코일 점검** : 양 터미널 단자에 멀티 미터를 연결하여 1차 코일 저항을 측정한다. 측정값은 제조사 매뉴얼 규격값에 부합해야 한다.

3.4. 점화 1차 코일 점검

만약 점화 1차 전류가 흐르지 않는다면, 코일에 자기장이 형성과 붕괴가 발생하지 않을 것이다. 스파크 테스트를 실시한 결과 어느 스파크 플러그도 불꽃이 발생하지 않았다면, 전용 측정도구 electronic circuit tester, digital logic probe 를 사용하여 1차 회로의 트리거링 테스트 triggering test 를 실시한다. 점화코일의 (-)극 터미널에 테스터기를 연결하고 엔진을 크랭킹한다. 테스터기에 있는 LED는 반드시 반짝거려야 한다. 이것은 1차 전류가 on-off 하고 있음을 암시한다. 만약 LED가 플래시하지 않는다면 트리거링 시스템은 작동하지 않는 것이다.

B.4. 디스트리뷰터

— Inspect, test, and service distributor.

4.1. 디스트리뷰터 외관 검사

❶ 디스트리뷰터 캡 또는 디스트리뷰터 하우징 벤트 housing vent 를 검사하여 막힘 불량이 없는지 확인한다. 만약 벤트가 막힌 채 장시간 사용하면, 내부 이그니션 모듈이 과열할 수도 있다.

❷ 디스트리뷰터 캡 또는 로터는 가벼운 부식이나 이물질은 깨끗이 청소해 준다.

❸ 디스트리뷰터 캡 터미널 사이 또는 터미널과 디스트리뷰터 하우징 사이에 형성되는 카본 먼지 라인을 카본 트래킹 carbon tracking 또는 carbon path 이라 한다. 이 카본 트래킹은 실화의 원인이 될 수 있다.

부품명	점검 항목
디스트리뷰터 캡 distributor cap	① 균열 crack ② 아크-오버 arc-over ③ 카본 패스 carbon path ④ 로터 균열 cracked rotor ⑤ 터미널 부식 corroded terminal ⑥ 타워 파손 broken tower
로터 rotor	① 균열 crack ② 스프링 약화 weaken spring ③ 캡과 마찰 흔적 damage from contact with tip ④ 로터 팁 부식 rotor tip corroded

- 캡의 내부가 이물질 powdery substance 로 오염될 수도 있다. 따뜻한 물과 세제를 사용하여 씻어낸다. 기타 퇴적물 deposit 은 부드러운 브러시로 제거한다.
- 작고 둥근 브러시를 사용하여 캡 터미널을 청소한다. 단, 솔벤트로 청소하지 않는다. 나중에 고전압 누전 high voltage leak 이 발생할 수 있기 때문이다.
- 캡에 균열, 아크오버 arc over, 탄화물 흔적, 로터 버튼의 균열과 마모, 터미널의 부식, 캡

타워의 파손 등을 점검한다. 미세한 부식정도는 허용하나 심한 경우에는 교환해야 한다.
- 만약에 캡 내부에 가루 등으로 오염되어 있다면, 분리하여 미지근한 물과 세제로 세척하고 브러시로 가볍게 제거한다.
- 로터에 균열, 스프링 불량, 캡 접촉 흔적, 로터 블레이드의 부식이나 고열에 탄 흔적 등이 있는지 확인한다. 만약 어느 하나라도 존재한다면 로터는 교체되어야 한다.

4.2. 에어 갭 측정 air gap measurement

비금속 두께 게이지를 사용하여 릴럭터 reluctor tooth 와 픽업코일 사이의 간극을 측정한다. 만약 간극이 크면 픽업 코일 스크루를 풀어 간극을 조정할 수 있다. 전형적인 간극 규격은 0.008inch 0.20mm 이다.

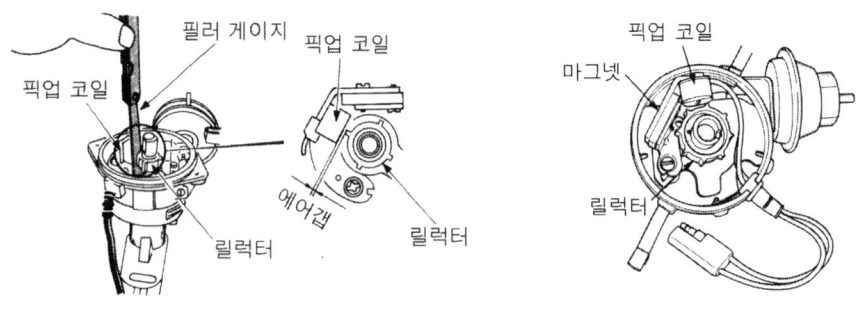

그림 2 air gap measurement

4.3. 픽업코일 pick up coil 저항 측정

옴 미터 ohm meter 를 사용하여 픽업코일 저항을 측정한다. 전형적인 규격은 500~1500ohms이다. 저항 측정기의 (+) 리드선은 터미널에 연결하고 (-) 리드선은 디스트리뷰터 몸체에 연결하여 저항을 측정한다. 반드시 무한 infinity 이 나와야 한다. 만약 저항이 존재하면, 픽업코일을 교체한다.

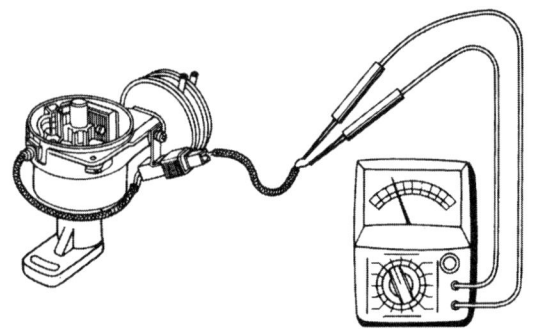

그림 3 resistance measurement

B.5. 점화 2차 회로 및 부품

― Inspect, test, service, repair or replace ignition system secondary circuit wiring and components.

점화 2차 회로는 점화 2차코일, 스파크 플러그, 스파크 플러그 와이어, 디스트리뷰터 캡과 로터 등이다.

5.1. 스파크 플러그 와이어 spark plug wire

2차 케이블은 디스트리뷰터 캡, 이그니션 코일, 스파크 플러그에 단단하게 체결되어 있어야 한다. 느슨하게 체결되면 저항이 증가한다. 부츠 boots 또한 외관이 양호해야 한다. 만약 느슨하거나 외관 불량예, 구멍 하면 습기가 타워 tower 안으로 흘러 들어가 부식 erosion, 아크-오버 arc-over, 이그니션 문제를 야기할 수 있다.

스파크 플러그 케이블의 절연상태를 점검한다. 만약 케이블 표면이 부스러지거나 brittleness 타거나, 균열, 기타 파손이 있으면 교환한다. 이런 불량은 고전압 누전 High-Voltage leakage 를 유발시켜 엔진 실화를 발생시킨다. 스파크 플러그 케이블을 장착하기 전에 부츠 안쪽으로 실리콘 그리스 silicone grease 를 도포하기도 한다.

1차 점화 시스템 와이어 wiring 상태를 확인한다. 부식이나 이물질에 의한 오염 등은 전압강하 voltage drop 를 유발시켜 엔진 성능 문제를 발생시킨다. 와이어 커넥터의 탭 락 tab lock 이 파손되거나 사라져서 없다면 진동 vibration 에 의한 간헐적 점화불량의 원인이 될 수 있다.

와이어 커넥터 체결 상태를 확인하려면 엔진의 아이들 상태에서 와이어를 톡톡 쳐보고 tapping, 잡아당겨보고 tugging, 흔들어 보며 wiggling, 엔진상태의 변화를 지켜본다.

5.2. 스파크 플러그 spark plug

- 마모/오염된 스파크 플러그는 아이들 idle 또는 저속에서는 양호할 수 있으나, 고속주행이나 중부하 시에는 자주 실화될 수 있다.

- 카본 파울드 스파크 플러그 carbon fouled spark plug 는 아이들링이 지나칠 때, 경부하 시 저속 주행, 또는 지나치게 농후한 연료비일 때 발생한다.
- 오버히팅 스파크 플러그 overheating spark plug 는 열가 heat range 가 다른 점화 플러그 사용 장착, 점화 시기가 지나치게 빠를 때, 데토네이션, 냉각 시스템 불량, 지나치게 희박한 공연비, 그리고 저 옥탄가 가솔린의 사용 등이 발생 원인이 된다.
- 스파크플러그 케이블 spark plug cable 절연상태 insulation 에 결함이 있다면 시동 곤란 hard start 가 발생하거나 습한 날씨에서는 심지어 시동불량 No start 이 발생할 수도 있다.

전극 외관 상태		발생 가능 원인
전극부	흑색	농후한 공연비, 에어 필터가 심하게 오염되어 흡입 공기량 부족 등
	백색	희박한 공연비, 점화시기가 지나치게 진각인 경우, 점화 플러그 체결토크 부족, 흡기 매니폴드 개스킷 누설 등

B.6. 점화 코일

— Inspect, test, and replace ignition coil(s).

- 1차 저항은 보통 0.3~1옴, 2차 저항은 10~15옴이다. 정확한 규격은 각 매뉴얼을 참고한다.

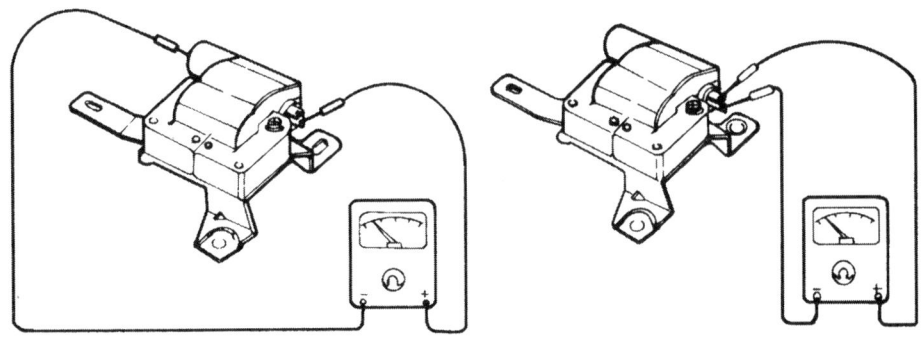

secondary circuit resistance measurement   primary circuit resistance measurement

- 만약 측정결과 저항값이 높게 나왔다면 점화코일내부에 저항이 증가한 것이다.
- 반대로 낮게 나왔다면 점화코일이 쇼트 short 된 것이다.
- 만약 저항값이 무한대로 나온다면, 이는 점화코일이 단선 open 된 것이다.
- 점화코일 저항 측정 : 멀티미터를 점화코일 (+) 단자와 (-) 단자에 접속하여 1차 코일 저항을 점검한다.

B.7. 점화 시스템 타이밍 및 점화 진각/ 점화 지각

― Check and adjust, if necessary, ignition system timing and timing advance / retard.

효율적인 연소반응을 위해서는 엔진의 RPM이 증가할수록 점화 시기는 좀 더 진각되어야 한다. 점화시기가 부적절하면 출력부족, 연료손실 그리고 유해 배기가스의 발생이 심해진다.

7.1. 기화기식 carburetor 에서 원심진각과 진공진각

① **원심진각** centrifugal advance
- 엔진 RPM이 상승하면 웨이트 weight 가 스프링의 장력을 이겨 바깥쪽으로 벌어지면서 웨이트와 캠을 회전방향으로 회전시켜 점화시기를 진각시킨다.
- 엔진의 속도가 작아지면 스프링의 장력에 의해 원래의 위치로 복귀한다.

② **진공진각** Vacuum advance
- 기화기식 엔진은 공회전시 높은 진공을 이용하여 점화시기를 진각시킨다.
- 엔진 속도가 상승하면 진공이 낮아지면서 점화시기는 이전으로 복귀된다.

③ **원심진각 + 진공진각**
- 원심진각과 진공진각을 모두 이용하여 전체 점화진각 total advance 이 발생한다.

7.2. 전자제어방식에서의 점화 진각/지각

전자 제어 엔진에서 배전기 또는 무배전기 점화 시스템은 원심 진각/진공 진각 방식을 사용하지 않고 다양한 센서들을 이용하여 컴퓨터는 점화시기를 제어 진각/지각 한다.

❶ 엔진 스피드에 관련된 점화 진각 : 주로 크랭크포지션 센서 CKP 와 스로틀 포지션 센서 TPS

UNIT 2 테스트 사양 및 작업 목록 **93**

❷ **엔진 부하** load **와 관련된 점화 진각** : 주로 스로틀 포지션 센서 TPS, 맵센서 MAP, 크랭크 포지션 센서 CKP.

❸ **엔진 온도에 관련된 점화 진각 또는 지각** : 냉간 엔진 시에는 엔진 작동 온도에 도달하기 전까지 점화 진각시킨다. 반면에 엔진이 과열하면 점화 시기를 지각시킨다.

❹ **노킹 발생 시 점화 지각** : 엔진에 노킹이 발생한 경우에는 점화 시기를 지각시킨다.

B.8. 점화 시스템 픽업 센서 또는 트리거 장치

— Inspect, test, and replace ignition system pick-up sensor or triggering devices.

- **트리거 디바이스** triggering device : 정확한 점화시기에 불꽃이 발생하게 해주는 장치이다.

픽업 코일 Pick up coil	구성부품 : 영구자석, 픽업코일 pickup coil, 릴럭터 reluctor 릴럭터가 픽업코일에 지나칠 때 AC전압이 1차 회로 스위칭 디바이스에 전달된다.
홀-이펙트 센서 hall effect	구성부품 : 홀 이펙트 디바이스, 영구자석, 베인으로 구성. 베인의 윈도우가 홀 이펙트 디바이스를 지나갈 때마다 전압신호를 발생시켜 점화 1차 전류를 차단되면서 점화코일에 고압이 형성된다.
포토일렉트릭 센서 photoelectric	구성부품 : LED, 포토다이오드, 포토 옵틱 센싱 유닛. LED는 빛을 방출하는 다이오드이며, 포토다이오드는 빛을 받으면 전압을 발생시키는 다이오드이다. 슬롯 slot 이 있는 디스크가 LED와 포토다이오드 사이에서 회전한다. 디스크가 빛을 차단하면 포토다이오드는 스위치 오프 OFF 되면서 점화 1차 회로는 제어된다.

B.9. 점화 컨트롤 모듈 / PCM

— Inspect, test, and/or replace ignition control module(ICM)/powertrain control module(PCM).

만약 PCM의 접지상태가 불량하거나 입력 전압이 정확하지 않으면, PCM은 정상적으로 작동하지 않을 것이다. PCM의 접지와 입력 전압의 상태를 확인하기 위해서는 먼저 회로도 wiring diagram 를 보고 몇 번 단자 terminal 이 PCM의 전원 입력과 접지인지 확인한다. 멀티미터를 전압으로 설정하고 적색 프로브를 PCM 전원 입력 단자 또는 배터리 전원 에 연결하고 흑색 리드선은 접지에 연결한다. 이때 점화스위치를 OFF한 상태에서 12V의 전원이 입력되어야 한다. 만약 측정전압이 12V 이하이면, PCM 관련 회로 예, 퓨즈 등 를 점검한다.

점화스위치를 ON한 상태에서 멀티미터의 적색 리드선은 PCM 접지단자에 연결하고, 흑색 리드선은 배터리 (-) 단자에 연결한 상태에서 측정 전압은 보통 0.1~0.2V 100~200mV 로 측정되어야 한다. 만약 0.3V 이상 나온다면 접지 회로 상태를 점검하고 필요시 접지 와이어와 케이블 등을 수리한다.

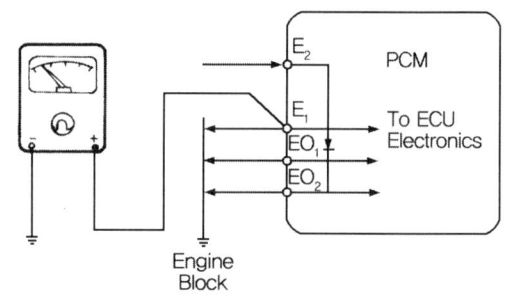

PCM ground circuit

전압 강하 voltage drop 측정방법 외에, PCM 접지 단자와 차체 접지간의 저항을 측정하여 접지 회로 상태를 확인할 수도 있다. 측정 저항값은 각 제조사 매뉴얼 예, 저항값 1Ω 에 준한다. 저항 측정 외에도 PCM 커넥터를 분리한 후 터미널 핀 pin 단자의 상태가 느슨하다든지 또는 휘거나 굽어 있는지 등을 확인한다.

PCM 제거 및 장착에 관한 절차와 주의 사항은 각 제조사 정비 매뉴얼에 준수한다. 예를 들면 정전기 발생 방지, 점화스위치 OFF, 배터리(-) 터미널 분리, 장착 고정 볼트 규정 토크 등이다. 이모빌라이저 immobilizer, 스마트 키 smart key 시스템을 가진 자동차의 경우, PCM을 교환 장착한 후에 제조사 매뉴얼의 지시에 따라 재설정화 절차 relearn procedure 를 다시 해야 한다.

True or False Review Questions

01. 점화시기가 지나치게 진각되거나 실화가 발생하면 HC, CO, NOx 발생률이 급격하게 증가한다.

> False 점화시기가 지나치게 진각되거나 실화가 발생하면 HC, NOx 발생률이 급격하게 증가한다. CO는 공연비가 농후할 때만 증가한다.

02. DTC P0301 실린더 1번 실화는 오직 1번 실린더의 점화 시스템 문제에 의해서만 발생한다.

> False 실화는 점화 시스템, 연료 시스템, 밸브 타이밍, 흡기 매니폴드 진공 불량 등에 의해서도 발생한다.

03. 하나의 점화 코일에 두개의 점화 플러그를 점화시키는 경우 하나는 폭발행정에 점화하고 다른 하나는 배기행정에 점화한다.

> True 이런 점화시스템을 웨이스트 스파크라 부른다. 이 점화 시스템은 점화 에너지를 낭비시키는 단점이 있다.

04. 디스트리뷰터 캡에 발생한 카본 트래킹은 실화 발생의 원인이 될 수 있다.

> True 디스트리뷰터 캡에 형성되는 카본 먼지 라인을 카본 트래킹라 하며 실화의 원인이 될 수 있다.

05. 픽업 코일 검사 시 멀티 테스터기의 (+)리드 선은 터미널에 연결하고 (-)리드 선은 디스트리뷰터 몸체에 연결하여 저항을 측정할 때 반드시 무한으로 나와야 한다.

> True 픽업코일과 디스트리뷰터는 서로 절연상태이어야 한다. 만약 저항이 존재하면 픽업코일을 교체해야 한다.

06. 카본 파울드 스파크 플러그 carbon fouled spark plug 의 발생 원인은 농후한 공연비와 점화시기의 과다 진각이다.

> False 카본 파울드 스파크 플러그의 발생원인은 공회전이 지나칠 때, 경부하 저속 주행, 공연비가 과다하게 농후할 때이다. 그러나 점화시기가 과다하게 진각인 경우에는 오버히팅 스파크 플러그를 초래한다.

07. 점화코일 1차 저항 측정결과 저항값이 규정값보다 높게 나왔다면 점화코일 내부가 단락 short 된 것이다.

> False 측정결과 저항값이 높게 나왔다면 점화코일내부에 저항이 증가한 것이고 반대로 낮게 나왔다면 점화 코일이 쇼트된 것이다.

08. 냉간 엔진은 엔진 작동 온도에 도달하기 전까지 점화 시기를 진각시킨다.

> True 냉간 엔진일 때에는 엔진 작동 온도에 도달하기 전까지 점화시기를 진각시킨다. 반면에 엔진이 과열하면 점화 시기를 지각시킨다.

09. LED는 빛을 방출하는 다이오드이며, 포토다이오드는 빛을 받으면 전압을 발생시키는 다이오드이다.

> **True** LED light emit diode 는 빛을 방출하는 다이오드이다. 포토다이오드는 빛을 전기로 변화시키는 다이오드이다.

10. 점화스위치를 ON한 상태에서 멀티 테스터기의 적색 리드 선은 PCM 접지단자에 연결하고, 흑색 리드 선은 배터리 (-)단자에 연결한 상태에서 보통 0.2V 이하로 측정되어야 한다.

> **True** PCM 접지 회로 측정 시 0.1~0.2V로 측정되어야 한다. 만약 0.3V 이상 측정 시에는 접지 회로에 문제가 있는 것으로 판단한다.

ASE Style Question

01. Technician A says that a defective camshaft position sensor can cause a no spark condition.

Technician B says that lower octane gasoline can cause detonation. Who is right?

(A) A only (B) B only (C) Both A and B (D) Neither A nor B

> **번역** 정비사 A : 결함이 있는 캠샤프트 포지션 센서는 노 스파크 조건을 초래할 수 있다.
> 정비사 B : 저 옥탄가 가솔린은 데토네이션을 초래할 수 있다. 누가 맞는가?
> (A) A만   (B) B만   (C) A와 B 모두   (D) 둘 다 아니다
>
> 캠샤프트 포지션과 크랭크샤프트 포지션 센서에 결함이 발생하여 전압 신호를 컴퓨터에 전달하지 못하면 모든 스파크 플러그에서 불꽃이 발생하지 않는다. 저 옥탄가 가솔린 사용은 데토네이션을 발생시킬 가능성이 크다. 정비사 A, B 모두 맞다.
>
> **정답** C

단어 **defective** 결함 있는 / **no spark condition** 노 스파크 상태, 전혀 스파크가 발생하지 않는 상태 / **lower octane gasoline** 저 옥탄가 가솔린

02. Technician A says that an excessive rich air-fuel mixture could cause a cold fouled spark plug.

Technician B says that a cold fouled spark plug could be caused by excessive idling. Who is right?

(A) A only　　　　(B) B only　　　　(C) Both A and B　(D) Neither A nor B

> 번역　정비사 A : 지나치게 농후한 연료혼합가스는 콜드 파울 스파크 플러그를 초래할 수 있다.
> 　　　정비사 B : 콜드 파울 스파크 플러그는 지나친 공회전에 의해 발생할 수 있다. 누가 맞는가?
> 　　　(A) A만　　　　(B) B만　　　　(C) A와 B 모두　　　(D) 둘 다 아니다
>
> 콜드 파울 스파크 플러그는 공연비가 지나치게 농후할 경우 발생 가능성이 크다. 한편 공회전시에는 공연비는 농후하기 때문에 과다한 공회전은 콜드 파울 스파크 플러그를 초래할 수 있다. 정비사 A, B 모두 맞다.
>
> 정답 C

03. Which of the following is the LEAST-likely to cause no start(no spark) problem?

(A) an open pick up coil.　　　　(B) a defective ignition control module
(C) a open ignition coil　　　　　(D) overheated spark plug

> 번역　다음 중에서 노 스타트 노 스파크 문제와 가장 관련이 적은 것은?
> 　　　(A) 단선된 픽업 코일　　　　(B) 결함 있는 점화 컨트롤 모듈
> 　　　(C) 단선된 점화 코일　　　　(D) 오버히트된 스파크 플러그
>
> 픽업 코일, 점화 컨트롤 모듈, 점화 코일의 결함은 노 스파크 no spark 의 원인이 된다. 반면에 결함 있는 스파크 플러그는 고속 주행이나 중부하시 실화를 초래할 수 있다.
>
> 정답 D

04. Which of the following could the LEAST-likely to cause engine overheating?

(A) late ignition timing
(B) late valve timing
(C) lack of engine oil
(D) open stuck thermostat

> **번역** 다음 중에서 엔진 오버히트 초래와 가장 관계가 적은 것은?
> (A) 점화시기의 지각
> (B) 밸브 타이밍 지각
> (C) 엔진오일의 부족
> (D) 열린 채 고착된 서모스탯
>
> 점화시기, 밸브 타이밍, 엔진오일, 냉각수 부족 등은 엔진의 오버히트의 발생 원인들이다. 서모스탯이 닫힌 채 고착되었다면 엔진 오버히트의 발생 원인이 되지만, 열린 채 고착된 서모스탯은 발생 원인이 아니다.
>
> **정답** D

단어 **excessive** 지나친 / **open pick up coil** 단선된 픽업 코일 / **open stuck** 열린 채 고착된

05.

At no start(no spark) engine, a technician found that there is no flutter of 12V test light connected from the negative primary terminal to ground during cranking. Which of the following is the MOST-likely to cause this problem?

(A) faulty ignition coil
(B) damaged spark plug wires
(C) cold fouled spark plug
(D) inoperative crankshaft position sensor

번역 노 스타트 노 스파크 엔진에서, 정비사가 12V 테스트 라이트를 1차 코일(-)과 접지를 연결하고 크랭킹 시 테스트 라이트에서 불빛이 반짝이지 않음을 알았다. 다음 보기에서 문제의 발생 원인에 가장 가까운 것은 어느 것인가?

(A) 결함 있는 점화코일
(B) 손상된 스파크 플러그 와이어
(C) 콜드 파울 스파크 플러그
(D) 고장난 크랭크샤프트 포지션 센서

> 정비사는 테스트 라이트를 이용하여 크랭킹 시 크랭크샤프트 포지션 센서의 전압신호가 발생하고 있는지 확인하고 있다.

정답 D

06.

A customer complains a poor fuel economy and lack of power of his vehicle, which has electronic ignition system with EST. Which of the following is the MOST- likely to cause this problem?

(A) open EST wire circuit
(B) malfunctioning camshaft sensor
(C) faulty crankshaft position sensor
(D) inoperative ignition coil module

번역 한 고객이 초기점화시기 점화 시스템이 장착된 자신의 승용차에 대해 연비 악화와 출력 부족에 대해 불평한다. 이 문제의 발생 원인에 가장 가까운 것은 어느 것인가?

(A) EST회로 단선
(B) 고장난 캠샤프트 센서
(C) 결함 있는 크랭크샤프트 포지션 센서
(D) 고장 난 점화코일 모듈

> 초기 점화시기 회로가 단선됨으로서 엔진 RPM에 따라 점화시기가 조정되지 않아 연비악화와 출력부족 현상이 발생하고 있다. 만약 캠샤프트 포지션 센서, 크랭크샤프트 포지션 센서, 점화 코일 모듈에 결함은 주로 노 스파크 현상과 관련이 있다.

정답 A

07. After using a scan tool to diagnose ignition problems, two technician are discussing about DTC P0335 - crankshaft position sensor A circuit.

Technician A says that crankshaft position sensor should be replaced.

Technician B says that crankshaft position sensor circuit could be open or short.

Who is right?

(A) A only　　　　(B) B only　　　　(C) Both A and B　(D) Neither A nor B

> **번역** 점화 문제를 진단하기 위하여 스캔 툴을 사용한 후, 두 정비사가 고장코드 P0355 크랭크 포지션 센서 A 회로에 대해 논의하고 있다.
> 정비사 A : 크랭크 포지션 센서는 반드시 교환되어져야 한다.
> 정비사 B : 크랭크 포지션 센서 회로가 단선되었거나 단락되어 있을 수 있다. 누가 맞는가?
> (A) A만　　　(B) B만　　　(C) A와 B 모두　　　(D) 둘 다 아니다

>> DTC P0355 크랭크 포지션 센서 A 회로의 발생가능 원인으로 크랭크 포지션 센서의 결함 또는 그 회로의 결함(단선, 단락, 저항)이다. 따라서 테스트 과정없이 DTC 결과만으로 반드시 크랭크 포지션 센서를 교환할 필요는 없다.
>
> **정답** B

단어 **flutter** 반짝거리다 / **faulty** 결함 있는 / **inoperative** 작동하지 않는, 고장난 / **poor fuel economy** 연비악화 / **malfunctioning** 고장난, 작동불능의 / **are discussing about** 토론하고 있다 / **should be replaced** 교체되어져야 한다 / **could be open or short** 단선 또는 단락되어 있을 수 있다

08. Technician A says that carbon track in distributor is the result of a high resistance spark plug wire.

Technician B says that carbon track in distributor can cause intermittent misfire at cylinders. Who is right?

(A) A only (B) B only (C) Both A and B (D) Neither A nor B

> 번역 정비사 A : 디스트리뷰터에서 카본 트랙은 스파크 플러그의 높은 저항의 결과이다.
> 정비사 B : 디스트리뷰터에서 카본 트랙은 실린더에서 간헐적인 실화를 초래할 수 있다. 누가 맞는가?
> (A) A만 (B) B만 (C) A와 B 모두 (D) 둘 다 아니다

▶ 스파크 플러그의 노후화에 따른 저항증가는 디스트리뷰터 카본 트랙의 발생 원인이 된다. 디스트리뷰터의 카본 트랙은 점화 에너지의 손실을 초래하여 실화 발생의 원인이 된다.

정답 C

09. Technician A says that if the ignition timing is too far advanced, engine ping noise can be heard during acceleration.

Technician B says that the engine may overheat if the ignition timing is too far advanced. Who is right?

(A) A only (B) B only (C) Both A and B (D) Neither A nor B

> 번역 정비사 A : 만약 점화 시기가 지나치게 진각이면 엔진 핑 노이즈가 가속 시 들릴 수 있다.
> 정비사 B : 만약 점화시기가 지나치게 진각이면 엔진이 오버 히트할 수도 있다
> (A) A만 (B) B만 (C) A와 B 모두 (D) 둘 다 아니다

▶ 점화시기가 지나치게 진각인 경우 핑 노이즈, 엔진 과열, 이상 연소, 피스톤 손상 등을 초래할 수 있다. 정비사 A, B 모두 맞다.

정답 C

10. Technician A says that if the ignition timing is too far retarded, the engine can cause the lack of power and performance.

Technician B says that the burned exhaust valve may result from retarded ignition timing. Who is right?

(A) A only   (B) B only   (C) Both A and B   (D) Neither A nor B

> **번역** 정비사 A : 만약 점화시기가 지나치게 지각이면 엔진은 출력과 성능 부족을 초래할 수 있다.
> 정비사 B : 열에 탄 배기 밸브는 점화시기 지각에 의해 발생할 수 있다.
> (A) A만   (B) B만   (C) A와 B 모두   (D) 둘 다 아니다
>
> 만약 점화시기가 지나치게 지각이면 불완전한 연소가 발생하여 엔진 출력과 성능 저하 현상이 발생할 수 있다. 또한 불완전한 연소는 배기 밸브에 열 충격을 가하여 밸브 손상을 초래할 수 있다. 정비사 A, B 모두 맞다.
>
> **정답** C

단어 **the result of** ~의 결과 / **intermittent** 간헐적인 / **is too far advanced** 지나치게 진각이다 / **can be heard** 들릴 수 있다 / **performance** 성능 / **burned** 불에 탄 / **retarded** 지각된

11. While discussing ignition secondary scope pattern,

Technician A says that a higher than normal firing height may be caused by too wide spark plug gap.

Technician B says that a lean fuel mixture may cause a higher firing height than normal for all cylinders. Who is right?

(A) A only   (B) B only   (C) Both A and B   (D) Neither A nor B

> **번역** 2차 점화 스코프 패턴을 논의하는 중에
> 정비사 A : 정상보다 높은 점화 높이는 지나치게 넓은 스파크 플러그 갭에 의해서 발생할 수 있다.
> 정비사 B : 희박한 공기연료혼합가스는 정상보다 더 높은 점화 높이를 초래한다. 누가 맞는가?
> (A) A만   (B) B만   (C) A와 B 모두   (D) 둘 다 아니다
>
> 지나치게 넓은 스파크 플러그 갭, 희박한 공연비, 스파크 플러그 와이어의 지나치게 높은 저항 등은 점화 높이를 더 높게 발생시킨다. 정비사 A, B 모두 맞다.
>
> **정답 C**

12. After performing oscilloscope test for ignition system, the result is that the spark line is too short.

Technician A says that too closed spark plug gap is possible cause.

Technician B says that worn cap and rotor can cause too short spark line. Who is right?

(A) A only   (B) B only   (C) Both A and B   (D) Neither A nor B

> **번역** 점화 시스템의 오실로스코프 테스트 실시 후, 스파크 라인이 너무 짧게 나왔다.
> 정비사 A : 지나치게 가까운 스파크 플러그 갭이 발생 가능 원인이다.
> 정비사 B : 마모된 캡과 로터는 지나치게 짧은 스파크 라인을 초래한다. 누가 맞는가?
> (A) A만   (B) B만   (C) A와 B 모두   (D) 둘 다 아니다
>
> 만약 스파크 플러그 갭이 지나치게 넓거나, 스파크 플러그 와이어의 저항, 배전기에서 캡과 로터의 마모 또는 지나치게 공연비가 희박한 경우에는 스파크 라인이 지나치게 짧게 발생할 수 있다. 정비사 B가 맞다. 반면에 스파크 플러그 갭이 지나치게 짧은 경우에는 스파크 라인이 지나치게 길게 나탈 수 있다. 정비사 A는 틀리다.
>
> **정답 B**

UNIT 2 테스트 사양 및 작업 목록 105

13. Which of the following is the LEAST-likely cause of too short spark line?

(A) clogged fuel injector
(B) restricted fuel filter
(C) vacuum leak
(D) faulty fuel pressure regulator

> **번역** 지나치게 짧은 스파크 라인의 가장 가능성 적은 원인은 어느 것인가?
> (A) 막힌 연료 인젝터
> (B) 부분적으로 막힌 연료 필터
> (C) 진공 누설
> (D) 연료 압력 레귤레이터 결함
>
> 지나치게 희박한 공연비에 의해서 지나치게 짧은 스파크 라인이 발생할 수 있다. 따라서 인젝터 막힘, 연료 필터의 부분적 막힘, 진공 누설은 희박한 공연비 발생 원인이다. 반면에 연료 압력 레귤레이터 결함은 농후한 공연비를 형성할 수 있다.
>
> **정답** D

단어 **normal firing height** 정상 점화 높이 / **lean fuel mixture** 희박한 공기 연료혼합가스 / **after performing** 실시 후 / **result** 결과 / **too narrow** 지나치게 좁은

14. If the spark line is too long, the possible causes include the all following EXCEPT _____.

(A) fouled spark plug (B) too close spark plug gap
(C) shorted spark plug wire (D) too lean air fuel ratio

> 번역 만약 스파크 라인이 지나치게 길게 나왔다면, 가능 원인은 다음 보기를 포함한다. 단 _____ 제외한다.
> (A) 파울 스파크 플러그 (B) 지나치게 좁은 스파크 플러그 갭
> (C) 짧은 스파크 플러그 라인 (D) 지나치게 희박한 공연비
>
> 스파크 플러그 갭이 지나치게 좁거나 스파크 플러그 단락, 파울 스파크 플러그는 점화 파형에서 스파크 라인이 지나치게 길게 나타날 수 있다. 반면에 공연비가 희박하면 스파크 라인이 지나치게 짧게 나타날 수 있다.
>
> 정답 D

15. Technician A says that a downward slopping spark line indicates a lean air fuel ratio.

Technician B says that an upward slopping spark line indicates the fouled spark plug. Who is right?

(A) A only (B) B only (C) Both A and B (D) Neither A nor B

> 번역 정비사 A : 아래로 경사진 스파크 라인은 희박한 공연비를 암시한다.
> 정비사 B : 위로 경사진 스파크 라인은 파울 스파크 플러그를 암시한다. 누가 맞는가?
> (A) A만 (B) B만 (C) A와 B 모두 (D) 둘 다 아니다
>
> 스파크 라인은 경사 없이 나타나야 정상이다. 만약 스파크 라인이 위로 경사지게 나타나면 공연비 희박을 암시할 수 있다. 따라서 인젝터 막힘, 진공 누설이 발생 가능 원인이 될 수 있다. 반면에 파울 스파크 플러그는 아래로 경사진 스파크 라인의 발생 가능 원인이 된다. 정비사 A, B 모두 틀리다.
>
> 정답 D

단어 **possible cause** 가능 원인 / **downward** 아래로 / **upward** 위로

Chapter C

Fuel, Air Induction, and Exhaust System Diagnosis and Repair
9 questions

연료, 공기 유도 및 배기 시스템 진단과 수리 9문항

C.1. 연료 시스템 고장에 의한 고장 진단
시동불능, 시동지연, 실화, 노크, 성능-출력부족, 연비, 배기가스

— Diagnose fuel system related problems, including hot or cold no-starting, hard starting, poor driveability, incorrect idle speed, poor idle, flooding, hesitation, surging, engine misfire, power loss, stalling, poor mileage, and emissions problems; determine root cause; determine needed action.

만약 연료압이 낮으면, 엔진이 갑자기 멈출 수 있거나 고속에서 서지 surge 가 발생하거나 가속시 헤지테이션 hesitation, 가속이 주춤거리면서 발생하는 현상 이 발생할 수 있다. 만약 연료압이 높으면 농후한 혼합비를 형성하여 연비 악화나 유해가스를 배출한다. 인젝션 엔진에서 희박한 공연비는 시동 곤란 hard starting 의 원인이 될 수 있다.

PCM은 냉각수온센서의 전압신호를 수신하여 냉간 엔진 시 농후한 공연비를 형성한다. 따라서 냉간 엔진에서 냉각수온센서의 고장은 희박한 공연비를 형성하게 할 수 있고, 그 결과 시동 곤란을 초래할 수 있다. 기타 원인으로 인젝터에서 연료가 떨어지거나 연료펌프의 체크밸브의 불량으로 연료 압력이 떨어지는 경우에도 시동 곤란이 발생할 수 있다. 인젝션 엔진에서 스로틀 포지션 센서의 출력전압이 규격보다 적으면 엔진 공회전이 지나치게 높을 수 있다.

C.2. 연료 또는 흡기 계통 관련 고장 코드 DTC

— Interpret fuel or induction system related diagnostic trouble codes(DTCs); determine needed repairs.

압력 레귤레이터가 있는 연료시스템에서 연료시스템 압력 이상을 표시하는 고장코드는 없다. 최신 일부 모델에서 연료압력센서와 연료온도센서가 연료레일에 장착되어 있어, 컴퓨터는 이 센서들을 통해 연료펌프의 ON, OFF를 제어하여 적절한 연료압력을 유지한다. 따라서 이 센서들의 결함은 고장코드 발생의 원인이 될 수 있다.

흡기온도센서는 에어클리너와 흡기 시스템에 설치된다. 흡기온도센서의 고장은 농후한 연료비, 연비악화, 과다한 배기가스를 발생시킬 수 있다. 만약 흡기온도센서 또는 커넥팅 와이어가 불량하면, 고장코드가 PCM에 저장된다. 만약 흡기온도센서가 이물질에 오염되면 출력전압신호가 불량하게 나올 수 있다.

인젝션 시스템에서, 만약 인젝터에 전기적 문제가 발생하면, 고장 코드가 PCM에 저장된다. OBD II 시스템은 각각의 실린더마다 실화 고장코드를 제공한다. 인젝터의 작동상태가 불량하면 실화가 발생할 수 있다. 그러나 반드시 연료문제라고 단정해서는 안 된다. 압축문제, 점화문제 그리고 진공이 불량해도 실화는 발생할 수 있기 때문이다.

C.3. 연료탱크, 연료탱크 캡 등 검사

— Inspect fuel tank, filler neck, and gas cap; inspect and replace fuel lines, fittings, and hoses; check fuel for contaminants and quality.

연료탱크의 외관상 파손 및 내부의 녹, 부식 등에 관해 검사한다. 연료펌프 고정 밴드와 볼트가 느슨한지 검사한다. 연료탱크 캡은 압력 릴리프relief 밸브와 진공 릴리프 밸브를 가지고 있다. 압력 릴리프 밸브는 탱크 내의 압력이 올라가면 작동하고, 진공 릴리프 밸브는 연료탱크 내에 진공이 생기면 공기를 흡입하기 위해 열린다.

C.4. 연료펌프 및 어셈블리 검사

— Inspect, test, and replace fuel pump and/or fuel pump assembly; inspect, service, and replace fuel filters.

저항 측정기를 사용하여 연료펌프의 터미널 저항을 측정한다. 저항값은 각 제조사 규격에 따른다. 예, 0.5~2.5Ω at 20℃ 만약 저항값 규격을 초과하면, 연료펌프를 교환한다. 연료펌프 저항값이 높게 나오면, 연료펌프의 부식에 의해 저항이 높아진 것이다. 반면에 저항값이 적게 나오면, 내부 단락이 발생한 것이다. 연료펌프의 터미널에 배터리 전압을 연결하여 연료펌프의 작동여부를 확인한다. 연료펌프의 코일이 탈 수 있으므로 이 테스트는 반드시 짧게 해야 한다. 예, 5초 이내

4.1. 연료 압력 시험

❶ 연료 라인의 잔류 압력을 제거해야 한다. 점화 스위치 OFF시킨 후 배터리 (-) 케이블을 분리한 다음 연료펌프 릴레이 또는 퓨즈를 탈거한다. 배터리 (-) 단자를

다시 연결하고 엔진을 시동하면 연료펌프는 작동하지 않고 연료 라인에 잔류하는 연료만 소진되기 때문에 엔진은 곧 멈추게 되고 잔류 연료압력도 제거된 상태가 된다. 연료 압력을 제거한 후에는 다시 연료펌프 릴레이 또는 퓨즈를 장착한다. 연료펌프 릴레이를 분리할 경우 고장코드가 컴퓨터에 저장될 경우도 있으므로 작업 이후에는 스캐너를 이용하여 고장코드를 제거해야 한다.

❷ 연료 잔압을 제거하였으면 연료 압력 게이지 어댑터를 장착하기 용이한 적절한 연료 라인 위치를 어댑터를 연결한다. 엔진을 시동하여 공회전 상태에서 연료 압력을 측정한다. 공회전시 연료 압력 측정값은 해당 제조사 규격 값에 부합해야 한다.

연료 압력	발생 가능 원인
지나치게 낮음	연료 필터 막힘
	연료 압력 레귤레이터 누설
	인젝터 누유
지나치게 높음	연료 압력 레귤레이터 밸브 고착

❸ 엔진을 정지시킨 다음 약 5분간 잔류 연료 압력이 유지되는지 점검한다.

잔류 연료압력	발생 가능 원인
잔류 연료압력이 서서히 떨어지는 경우	인젝터 누유
잔류 연료압력이 급격히 떨어지는 경우	연료펌프 체크밸브의 열림 고착

C.5. 연료펌프 회로도

— Inspect and test fuel pump electrical control circuits and components; determine needed repairs.

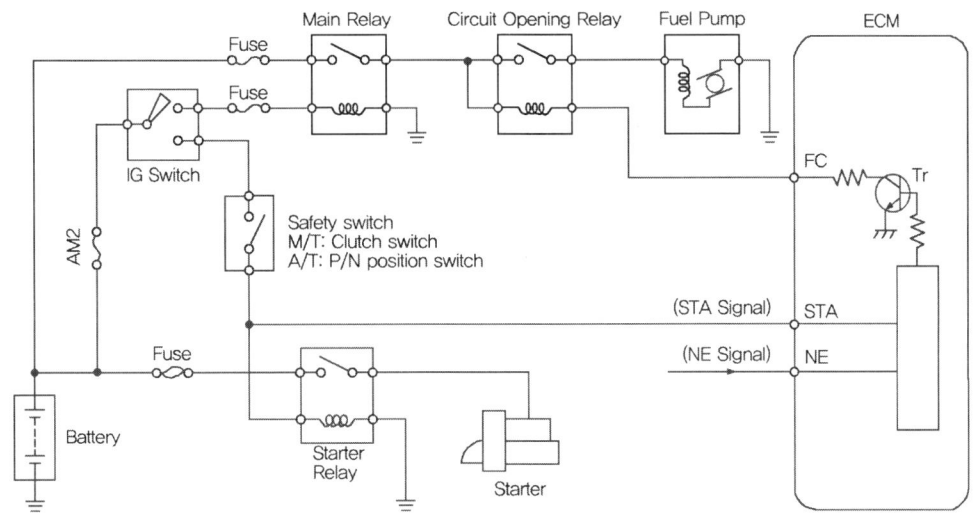

연료펌프 회로도는 각 자동차 제조사마다 그 종류가 매우 다양하지만 연료펌프 시스템의 기본 작동원리는 거의 비슷하다 할 수 있다. 상기의 연료펌프 회로도에서

❶ **STA signal** : 스타트 모터 작동 신호를 의미한다.

❷ **NE signal** : 크랭크샤프트 포지션 및 엔진 RPM 신호를 의미한다.

❸ 수동 변속기의 경우에는 클러치를 밟아야 하고, 자동 변속기의 경우에는 P/N에 있어야 한다.

❹ 엔진 크랭킹 하면 스타터 모터 릴레이가 ON되면서 스타터 모터에 전류가 가해지고 ECM에 STA 신호가 입력된다.

❺ STA 신호와 NE 신호가 ECM에 입력되면 Tr은 계속 ON되면서 메인 릴레이, 회로 오프닝 릴레이가 각각 ON되면서 연료펌프는 작동하게 된다. 이후에도 NE 신호가 계속 발생하면 ECM은 계속 Tr를 ON시키고 연료펌프는 계속 작동하게 된다.

C.6. 연료 압력 레귤레이터

— Inspect, test, and repair or replace fuel pressure regulation system and components of fuel injection systems; perform fuel pressure/volume test.

❶ 인젝션 엔진 시스템에서는 연료압력 레귤레이터를 통하여 연료시스템을 일정하게 유지한다. 만약 연료압력이 높다면, 그만큼 인젝터 분사 기간 동안에 농후한 공연비를 만든다. 반대로 낮으면, 희박한 공연비를 만들어 주행성능의 문제가 나타날 것이다.

❷ 연료 압력 레귤레이터는 연료 레일 fuel rail 에 장착되거나 또는 연료탱크 내 연료펌프 어셈블리 내부에 장착된다. 후자를 리턴리스 타입 returnless type 이라 부른다.

6.1. RLFS ReturnLess Fuel System 시스템

❶ 리턴 타입에서는 연료시스템 연료 탱크 → 연료펌프 → 연료 필터 → 연료 레일 → 연료 압력 레귤레이터 → 연료탱크로 복귀 를 거치는 동안 연료의 온도는 상승하게 된다. 온도가 상승된 연료는 탱크 내에 있는 연료와의 온도차에 의해 증발 가스 및 베이퍼 록 vapor lock 을 발생시켜 엔진 성능 저하를 초래하는 경향이 있다.

❷ 이런 단점을 제거한 것이 리턴리스 타입 returnless type 이다. 보통 연료 레일 fuel rail 에 설치하던 연료 압력 레귤레이터를 연료 탱크 내 연료펌프 모듈 fuel pump module 로 일체화시킴으로서 연료 시스템의 성능을 향상시킨 면도 있지만 연료 리턴라인을 제거함으로 원가절감 및 생산성 향상에도 기여하는 바가 크다.

C.7. 스로틀 어셈블리

— Inspect, remove, service or replace throttle assembly; make related adjustments.

❶ 운전자의 액셀러레이터 페달을 밟는 정도에 따라, 스로틀 바디는 엔진에 유입되는 공기량을 조절한다. 스로틀 플레이트 또는 스로틀 내경에 이물질 예, 탄소 퇴적물 carbon residue 이 퇴적되면 유입되는 공기량이 감소하며 보통 불안정한 공회전 RPM 문제를 일으킨다. 이런 이물질은 스로틀 바디 클리너로 제거가 가능하지만, 심한 경우에는 스로틀 바디를 분리하여 제거해야 한다. 일단 스로틀 바디를 분리하면, 스로틀 포지션 센서, 아이들 액추에이터 컨트롤 밸브, 스로틀 오프너, 스로틀 바디 개스킷을 제거한다. 스로틀 바디 클리너로 세척한 다음, 압축공기로 건조시킨다. 스로틀 바디 접촉면에 이물질 또는 버 burr 등이 없는지 확인한 후 재장착한다.

❷ 아이들 포지션에서 와이드 오픈 wide open 포지션까지 스로틀 링키지 linkage 가 부드럽게 움직이는지 확인한다. 스로틀 케이블의 마모여부를 확인한다. 엔진이 공회전시 또는 고속 시에 진공상태를 확인한다. 스로틀 포지션 센서의 커넥터를 분리하고, 저항 측정기를 터미널에 연결하여 저항값을 측정한다.

❸ 전자 스로틀 컨트롤 시스템 electronic throttle assembly : 기존의 케이블 방식과는 달리 전자식 스로틀 어셈블리는 액셀러레이터 포지션 센서 accelerator position sensor 의 출력전압에 따라 PCM이 전자식 스로틀 어셈블리 모터를 작동시켜 스로틀 밸브의 열림 량을 제어한다. 액셀러레이터 포지션 센서 이하 APS 는 액셀러레이터 페달에 부착되어 있으며 운전자의 페달 밟는 정도를 PCM에 전달한다. APS의 출력전압을 통해 PCM은 가속에 의해 요구되는 연료분사 증가를 컨트롤하게 된다.

APS는 APS1와 APS2로 구성되어 있고 APS2는 APS1 출력전압의 50%만 발생하여 APS1와 APS2의 전압비율이 규격을 벗어나면 DTC가 발생한다.

항목	페일 세이프
스로틀 모터 고장 시	스로틀 밸브는 특정값(예, 5도)로 고정되고 엔진 RPM와 차속도 제한된다.
스로틀 포지션 센서 1 고장 시	스로틀 포지션 센서 2 출력 값으로 대처된다.
스로틀 포지션 센서 2 고장 시	스로틀 포지션 센서 1 출력 값으로 대처된다.
스로틀 포지션 센서 1, 2 고장 시	스로틀 밸브는 특정 값(예, 5도)로 고정되고 엔진 RPM와 차속도 제한된다.
액셀러레이터 포지션 센서 1 고장 시	액셀러레이터 포지션 센서 2 출력 값으로 대처된다.
액셀러레이터 포지션 센서 2 고장 시	액셀러레이터 포지션 센서 1 출력 값으로 대처된다.
액셀러레이터 포지션 센서 1, 2 고장 시	스로틀 밸브는 특정값(예, 5도)로 고정된다.

C.8. 연료 인젝터

— Inspect, test, clean, and replace fuel injectors.

노이드 라이트 noid light 를 사용하여 컴퓨터가 인젝터에 보내는 펄스 신호를 확인한다. 테스트 방법은 비교적 간단하다. 인젝터 커넥터를 분리한 후, 노이드 라이트를 컴퓨터에서 오는 커넥터 와이어에 연결한다. 엔진을 시동 걸어 노이드 라이트가 반짝거리며 점등되는지 확인한다. 시스템이 정상이라면 노이드 라이트는 반짝거리며 점등되어야 한다. 만약 노이드 라이트가 반응을 보이지 않는다면, 컴퓨터 또는 커넥터 와이어에 결함이 있는 것이다.

저항 측정기를 사용하여 인젝터 저항을 측정한다. 저항값은 각 제조사 규격에 따른다. 예, 13~14Ω at 20℃. 만약 저항값이 규격을 초과하면, 인젝터를 교환한다. 인젝터 저항값이 높게 나오면, 인젝터 내부 부식 등에 의해 저항이 높아진 것이다. 반면에 저항값이 낮게 나오면, 인젝터 내부 코일 단락을 암시한다.

인젝터 밸런스 테스트를 통하여 인젝터의 오리피스 또는 팁이 막혔는지 확인할 수 있다. 테스트 방법은 먼저 연료 시스템에 연료압력게이지를 설치한 후 엔진 작동 중 각 실린더별 점화를 차단 off 하면서 연료압력 변화량을 측정한다. 각 인젝터의 압력 저하 크기는 균등해야 정상이다. 만약 압력저하가 발생하지 않거나 압력저하가 매우 낮다면, 그 해당 실린더의 인젝터의 오리피스나 팁의 막혀있을 가능성이 매우 크다. 반대로 압력저하가 지나치게 크면, 해당 실린더의 인젝터 플랜저 plunger 가 열린 상태에서 고착되어 있을 가능성이 크다. 이런 경우에는 농후한 연료비가 형성될 것이다. 인젝터 오리피스가 더럽거나 막혔다면 가속 시 불량 stumble, 엔진 시동 꺼짐, 공회전 불안정 같은 현상이 발생한다.

인젝터의 작동상태를 청진기 stethoscope 를 사용하여 인젝터의 작동상태를 확인할 수 있다. 양호한 인젝터라면 규칙적인 클릭킹 clicking 사운드가 들릴 것이다. 만약 인젝터 플랜져가 뻑뻑하다면 덜컹 clunk 노이즈가 들릴 수도 있다. 만약 아무런 사운드가 들리지 않는다면, 인젝터 저항값을 측정해 보거나 또는 노이드 라이트 테스트를 실시한다.

인젝터 유량 테스트는 각 인젝터를 분리 탈착하여 직접 인젝터에 배터리 전압을 부가해 인젝터의 분사량을 측정하는 것이다. 전형적인 인젝터 사이 편차값은 5cc 이하이여야 한다.

오실로 스코프를 이용한 인젝터의 파형을 분석방법도 매우 유용하다. 인젝터의 파형을 통해 배터리 전압, 인젝터 펄스 또는 분사시간, 서지 전압을 파악할 수 있다. 배터리 전압은 보통 13.5~14V가 측정되면 정상이다. 인젝터 분사기간에는 전압이 수직으로 거의 0~0.6V 까지 떨어져야 정상이다. 만약 수직이 아닌 경사를 보인다면 인젝터가 단락 되었거나 PCM 쪽에 문제가 있다고 볼 수 있다. 만약 전압이 0.6V 이하로 떨어지지 않는다면, 접지 회로나 인젝터 단락의 문제일 수 있다. 인젝터 간의 서지전압에 편차가 발생하면 인젝터 와이어 또는 PCM의 드라이버 문제일 수 있다.

C.9. 에어 필터

— Inspect, service, and repair or replace air filtration system components.

❶ 에어 필터 교환주기를 초과하여 지나치게 오염되었다면 농후한 연료혼합비가 생성된다.

❷ 에어 필터는 더러운 공기를 필터하는 기능도 있지만, 흡기 노이즈 intake noise 를 감소시키는 기능도 아울러 가지고 있다.

❸ 에어 필터의 불량으로 미세한 먼지 등이 유입 발생한다면, 그 결과로 실린더 벽, 피스톤, 피스톤 링의 조기마모발생의 원인이 된다.

❹ 만약 에어 필터를 확인한 결과, 에어 필터가 오일로 오염되어 있다면 PCV 밸브 또는 호스가 막혀 발생할 수 있다. PCV 시스템의 점검이 필요하다.

C.10. 흡기 매니폴드 개스킷 불량으로 인한 진공 누설

— Inspect throttle assembly, air induction system, intake manifold and gaskets for vacuum leaks and/or unmetered air.

❶ 흡기 매니폴드 진공 누설은 공회전 불안정 rough idle, 엔진 꺼짐 engine stall 을 초래할 수 있다.

❷ 흡기 매니폴드 진공 누설을 확인 방법으로 프로판 가스 propane gas, 스모크 기계 등을 이용하여 누설여부를 확인하는 방법이 있다.

❸ **프로판 가스 이용 방법**
엔진 아이들 상태에서 진공 누설이 의심이 가는 곳에 프로판 가스를 흘려 봄으로서 엔진 아이들 상태의 변화를 살펴본다. 프로판 가스가 진공이 새는 틈을 따라

엔진 안으로 유입되면 엔진은 더 많은 연료가 유입되어 엔진 아이들 상태가 변할 것이다. 따라서 프로판 가스 유입을 반복 실시해 봄으로서 엔진의 아이들 상태가 이에 변화하는지를 확인한다. 프로판 가스를 이용한 방법은 기화기 carburetor 식 엔진에서 가장 효과적이다.

❹ **스모크 기계** smoke machine **를 이용 방법**

먼저 PCV 밸브의 진공 호스를 분리한다. 압력이 약 1.0~1.5psi의 짙은 백색의 스모크를 그 진공 호스에 유입시킨다. 백색 스모크는 수 분 안에 진공이 누설되는 부분으로부터 새어 나올 것이다.

C.11. 공전 속도 점검

— Check and/or adjust idle speed where applicable.

❶ 공회전 상태에서 에어컨을 작동시키거나 스티어링 휠을 회전시켰을 때 엔진이 심하게 요동치거나 시동이 꺼진다면, 아이들 스피드 제어에 문제가 있음을 암시한다.

❷ 에어컨 작동이나 스티어링 펌프 작동 등과 같은 엔진부하 engine load 가 발생할 경우에는 공전 속도는 상승되어야 한다.

❸ 공전 속도 제어는 스로틀 바디를 통과하는 공기량을 조절함으로서 이루어진다.

❹ 공전 속도 제어 종류는 아이들 스피드 컨트롤 idle speed control 방식과 바이패스 by pass 방식이 있다.

▶ 아이들 스피드 컨트롤 : ECU가 아이들 스피드 컨트롤 서보 모터를 작동시키면 스텝 모터에 연결된 플런져 planger 가 동작하여 스로틀 밸브의 열림량을 조절한다. 스로틀 밸브의 열림량이 크면 공전속도는 증가하고, 반대로 작아지면 공전속도는 감소한다.

▶ 바이패스 방식 : 아이들 스피들 컨트롤 방식과는 달리 스텝 모터가 직접 스로틀 밸브를 작동시키지 않는다. 대신에 스텝 모터는 공기 바이패스 통로에 설치하여, 통로 면적을 넓히거나 좁혀서 공기량을 조절하여 공전 속도를 제어한다. ECU가 스텝모터를 듀티 제어함으로서 통로 면적을 넓히면 공전 속도는 상승하고, 반대로 통로 면적을 좁히면 공전 속도는 감소하게 된다.

C.12. 연료 시스템의 진공 및 전기 부품 검사, 교체 수리

― Remove, clean, inspect, test, and repair or replace fuel system, vacuum and electrical components and connections.

연료 시스템에서 진공장치 및 전기 부품에는 연료 압력 레귤레이터, 연료펌프 릴레이, 이너시아 스위치, 연료펌프 파워 모듈 등이 있다.

12.1. 연료 압력 레귤레이터 fuel pressure regulator

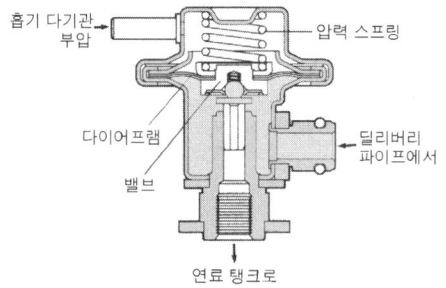

❶ 연료압력 레귤레이터는 흡기 매니폴드 진공을 이용하여 연료 레일 압력을 일정하게 유지시켜 주는 기능을 하며 잉여의 연료는 연료 압력 레귤레이터의 출구 outlet을 통하여 연료탱크로 복귀한다.

❷ **연료압력 레귤레이티 테스트**: 엔진 아이들 상태에서 연료압력 레귤레이터의 진공 호스를 제거할 때 연료 압력은 진공호스를 연결했을 때의 연료 압력보다 높아야 한다. 한 자동차 제조사의 규격은 예로 들면

	연료 시스템에 진공이 가해지는 경우 Fuel system with vacuum	연료 시스템에 진공이 가해지지 않는 경우 Fuel system without vacuum	잔압 Residual
연료 라인 압력 Fuel line pressure	48~54psi	55~61psi	32~44psi

만약 잔압이 불량한 경우에는 연료 압력 레귤레이터의 기밀 유지가 불량해서 발생할 수 있다.

12.2. 연료펌프 릴레이

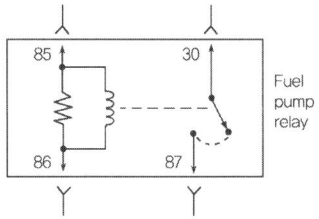

(1) 통전 continuity 시험

연료펌프 릴레이 단품에서 저항측정기를 사용하여 터미널 단자 간의 통전 시험을 한다.

단자 번호	측정값
85단자와 86단자	통전 continuity
30단자와 87단자	무한 infinite resistance

(2) 릴레이 작동 점검

점퍼 와이어 jumper wire 를 사용하여 85단자와 배터리(+)에 연결한다. 그리고 또 다른 점퍼 와이어를 사용하여 86단자와 접지 예, 엔진 블록 등 에 연결했을 때 릴레이에서 클릭 clicking 사운드가 들려야 한다. 만약 클릭 사운드가 들리지 않는다면, 릴레이 내부 결함이므로 교환한다. 전원을 인가한 상태에서 30단자와 87단자에 저항 측정 시 통전 continuity 이 되어야 정상이다. 만약 무한 infinite resistance 이 나타나면, 릴레이를 교환한다.

C.13-14. 배기 시스템 점검 및 막힘 불량

— Inspect, service, and replace exhaust manifold, exhaust pipes, mufflers, resonators, catalytic converters, tail pipes, and heat shields./Test for exhaust system restriction; determine needed action.

❶ 배기 파이프, 촉매 컨버터, 머플러 막힘 불량은 지나치게 과다한 배압 back pressure 을 형성한다. 만약 배압이 지나치게 과다하다면, 엔진 출력이나 최고 속도가 감소하지만, 실화 발생과는 관련이 적다.

❷ 흡기 매니폴드에 진공 게이지를 연결하여 배기시스템의 막힘 불량을 검사한다.

❸ 엔진 공회전 시 매니폴드 진공이 16~21in.Hg이어야 한다. 엔진을 2,000rpm까지 올렸을 때, 진공값은 일시적으로 떨어졌다가 다시 16~21in.Hg로 회복한다. 엔진을 2,000rpm으로 유지한다. 3분 후에 진공이 16in.Hg 아래로 떨어진다면, 이것은 배기 시스템의 막힘 불량을 암시한다.

❹ 배기 시스템 또는 흡기 시스템이 막혔다면 출력 부족이나 최고속도 도달 불능이 발생한다.

C.15. 터보차저 또는 슈퍼차저

— Inspect, test, clean and repair or replace turbocharger or supercharger and system components.

15.1. 터보차저

- 엔진속도가 증가할수록 체적효율 volumetric efficiency 은 감소한다. 특히 고속에서는 체적효율이 현저히 감소될 수도 있다. 이러한 단점을 극복하기 위해서 터보차저 시스템은 배기가스를 이용하여 체적효율을 향상시킨다.
- 터빈 휠 turbine wheel 은 컴프레서 휠 compressor wheel 과 샤프트로 연결되어 있다. 따라서 배기가스가 배출되면서 터빈 휠을 회전시키고, 이에 연결된 컴프레서 휠 compressor wheel 도 함께 회전하면서, 흡입되는 공기를 압축하여 체적효율 volumetric efficiency 을 향상시킴으로서 엔진 출력을 증가시킨다. 이때 배출되는 배기가스에 의해 회전하는 터빈 회전수 rpm 는 120,000rpm 또는 그 이상으로 회전할 수 있다.
- 이러한 고속회전 때문에 샤프트 베어링 shaft bearing 의 윤활을 특히 더 중요하다. 따라서 엔진오일은 항상 베어링을 통과해 순환함으로서 윤활작용과 과열을 방지한다. 일부 엔진에서는 엔진 냉각수가 베어링 하우징 bearing housing 을 통과함으로서 베어링과 오일 온도 상승을 예방한다.

15.2. 터보차저 웨이스트게이트 turbo charger wastegate

- 만약 터보차저에 의한 부스트 압력 boost pressure 이 너무 크면, 데토네이션이 발생하여 엔진성능 저하와 손상을 유발시킬 수 있다. 이를 방지하기 위해서 대부분 터보차저는 웨이스트게이트 wastegate 를 설치한다.
- 부스트 압력이 설정된 압력을 초과하면 웨이스트게이트가 열리고 배기가스가 터빈 휠을 지나가지 않고 옆으로 바이패스 됨으로서 터빈 회전수를 감소시키고, 따라서 부스트

압력도 감소된다. 기계적 방식으로는 흡입 공기의 압력을 감지하는 액추에이터에 의해 웨이스트게이트가 작동된다.
- 컴퓨터에 의해 제어되는 방식에서는 컴퓨터가 직접 솔레노이드 예, wastegate control valve 등을 제어하면서 배기가스와 부스트 압력 boost pressure 을 조절한다.
- 만약 지나친 부스트 압력에 의해서 데토네이션이 발생한다면 엔진은 점화시기를 지각 retarded 시킨다.

15.3. 터보 랙 turbo lag

- 배기가스를 이용하는 터보차저 특성상 엑셀페달을 밟아 급가속을 시도할 때 약간의 지연이 느껴지는데, 이것을 터보 랙 turbo lag 이라 한다.
- 터보차저 엔진을 끄기 전에 오일 코킹 oil coking 을 방지하기 위해 터보차저를 적당히 냉각 시킨 후 엔진을 끈다. 오일 코킹은 샤프트 실 립 shaft seal lip 에 단단한 카본 퇴적물 carbon deposit 을 말하다.

15.4. 터보차저 윤활 시스템 turbocharger lubrication system

- 터보차저 엔진은 자연 흡기방식보다 엔진오일 교환주기가 더 짧다. 윤활 부족이나 오일 래그 oil lag 가 터보차저 불량의 주된 원인이다. 만약 엔진 오일 압력이 30psi 이하에서 터보차저가 작동해서는 안 된다.

15.5. 인터쿨러 intercooler

- 흡입공기가 터보차저에 의해 압축되면 공기의 온도는 상승한다. 그 결과 공기밀도 air density 가 감소하여 출력감소를 유발하고 심지어 뜨거운 공기는 엔진 노크 발생 가능성도 커진다. 따라서 흡입 압축된 공기는 인터쿨러를 통하여 냉각시켜 엔진노크 가능성을 감소시키고 엔진출력을 향상시킨다. 지나가는 공기를 통해 열을 제거하고 대기에 방출한다는 점에서 인터쿨러는 라디에이터와 유사하다.
- 인터쿨러는 압축된 공기를 냉각시키면서 높은 압축비를 유지하면서 데토네이션 발생을

감소시킨다. 컴퓨터는 노크센서를 통해 데토네이션을 감지한다.

15.6. 터보차저 검사

- 손으로 터보차저 샤프트 휠을 회전시킬 때 반드시 간섭되는 것이 없이 부드럽게 회전하여야 한다.
- 엔진 작동 중 휘슬 whistling 노이즈가 들린다면 컴프레서나 흡기 매니폴드에서 공기 누설을 암시한다. 반대로 흡기 매니폴드나 터빈에서 노이즈가 발생한다면 배기 시스템을 점검한다.

15.7. 터보차저 고장

- 보통 탄소 퇴적물 carbon deposit 에 의해 웨이스트게이트 밸브에 고착되어 발생한다. 다이어프램 diaphragm 의 결함이 있거나 진공 호스가 누설되면 웨이스트게이트의 작동불량이 발생한다.
- 터보차저 안에 있는 샤프트는 배기가스가 베어링에 들어가는 것을 방지하는 작은 오-링을 장착되어 있는데, 이 오-링이 파손되면 베어링 고장이 발생한다.
- 다른 불량으로는 지나친 엔진 오일 소모를 유발하며 이런 경우 파란색의 배기가스가 배기관을 통해 방출된다. 터보차저에서 오일펌프 oil pump 로 가는 복귀 라인 return line 이 막힌다면 오일에 연소실로 유입되어 과다한 오일 소모가 발생할 수 있다.

15.8. 슈퍼 차저 superchargers

- 슈퍼 차저는 빈번한 오일 교환이나 래그 타임 lag time 이 발생하지 않는다.
- 슈퍼 차저 시스템은 바이패스 밸브를 사용하여 부스터 압력을 조정한다. 보통 부스트 압력이 ① 지나치게 상승할 때, ② 감속할 때, 그리고 ③ 후진 기어 시에는 공기가 바이패스되어 직접 흡기 매니폴드로 흘러간다.
- 슈퍼 차저는 루츠 roots 방식과 스크롤/스파이럴 scroll/spiral 타입이 있다. 루츠 슈퍼 차저는 하우징 내부에 2개의 로터가 맞물려 있고, 로터는 엔진 크랭크샤프트에 벨트나 체인

에 연결되어 구동되며, 보통 회전속도는 엔진속도의 2~3배 정도 빠르다.

15.9. 슈퍼 차저 고장

- 바이패스 액추에이터가 열림 고착 stuck open 되면, 부스터 압력이나 엔진 파워가 감소한다. 만약 바이패스가 닫혀 있음에도 불구하고 여전히 출력부족이 발생하면, 수퍼 차저의 인터널 로터 internal rotor 의 마모나 하우징 마모을 점검한다.

True or False Review Questions

01 연료압이 낮으면 고속 주행 시 서지 현상이 발생할 수 있다.

> **True** 만약 연료압이 낮으면, 엔진이 갑자기 멈출 수 있거나 고속에서 서지 surge ; 주행이 불안정한 상태 가 발생하거나 가속 시 헤지테이션 hesitation ; 가속이 주춤거리면서 발생하는 현상 이 발생할 수 있다.

02 압력 레귤레이터가 있는 연료시스템에서 연료시스템 압력 이상이 발생하면 고장 코드가 발생할 것이다.

> **False** 압력 레귤레이터가 있는 연료시스템에서 연료시스템 압력이상을 표시하는 고장코드는 없다.
> **참고** 연료압력 센서와 연료온도 센서가 연료 레일에 장착되어 있는 차량에서는 고장 코드가 발생할 수 있다.

03 연료 탱크 캡의 진공 릴리프 밸브는 연료 탱크 내 진공이 생기면 공기를 흡입하기 위해서 열린다.

> **True** 압력 릴리프 밸브는 탱크내의 압력이 올라가면 작동하고, 진공 릴리프 밸브는 연료탱크 내에 진공이 생기면 공기를 흡입하기 위해 열린다.

04 만약 연료펌프 코일이 단락 short 되면, 연료펌프의 터미널을 측정 시 저항값이 지나치게 높게 나올 수 있다.

> **False** 만약 연료펌프 저항값이 높게 나온다면, 연료펌프 코일의 부식이 발생 가능 원인이다. 반대로 연료펌프 저항값이 낮다면, 연료펌프 코일의 단락이 발생 가능이다.

05 리턴리스 연료 시스템 RLFS 시스템은 베이퍼 락의 의한 엔진 성능 저하현상을 감소시킨다.

> **True** RLFS 시스템은 연료 압력 레귤레이터를 연료펌프 모듈에 설치하여 베이퍼 락 현상을 감소시킨다.

06 스로틀 플레이트에 퇴적한 탄소 퇴적물은 불안정한 공회전 RPM 문제를 초래한다.

> **True** 스로틀 플레이트의 탄소 퇴적물이 퇴적되면 유입되는 공기량이 감소하며 불안정한 공회전 RPM 문제를 일으킨다. 탄소 퇴적물은 스로틀 바디 클리너로 제거할 수 있지만 심한 경우에는 스로틀 바디를 분리하여 제거해야 한다.

07 인젝터 파형분석에서 인젝터 작동구간 전압이 약 1V로 측정되었다면 인젝터 단락이 불량 원인일 수 있다.

> **True** 인젝터 분사기간에는 전압이 수직으로 거의 0~0.6V까지 떨어져야 정상이다. 만약 전압이 0.6V 이하로 떨어지지 않는다면, 접지회로 또는 인젝터 단락 문제일 수 있다.

08 흡기 매니폴드 진공 누설은 엔진 꺼짐 engine stall 을 초래할 수 있다.

> **True** 흡기 매니폴드 진공 누설은 공회전 불안정 rough idle , 엔진 꺼짐 engine stall 을 초래할 수 있다.

09 만약 아이들 스피드 제어 시스템이 불량하면, 공회전 상태에서 스티어링 휠을 회전시켰을 때 엔진 시동이 꺼질 수도 있다.

> **True** 만약 공회전 상태에서 에어컨을 작동시키거나 스티어링 휠을 회전시켰을 때 엔진이 심하게 요동치거나 시동이 꺼진다면, 아이들 스피드 제어에 문제가 있음을 암시한다.

10 연료압력 레귤레이터에서 진공 호스를 제거하면 연료 압력은 낮아져야 정상이다.

> **False** 엔진 아이들 상태에서 연료압력 레귤레이터의 진공 호스를 제거 시 연료 압력은 진공호스를 연결했을 때의 연료 압력보다 높아야 정상이다.

ASE Style Question

01. A vehicle has longer cranking time than normal after one hour or longer parking.
Technician A says that the fuel pressure regulator may be leaking.
Technician B says that the fuel return line may be restricted. Who is right?

(A) A only   (B) B only   (C) Both A and B   (D) Neither A nor B

번역 자동차가 한 시간 또는 그 이상 주차 후 평소보다 더 오랜 크랭킹 시간을 갖는다.
정비사 A : 연료압력 레귤레이터가 밸브에서 누설하고 있는지 모른다.
정비사 B : 연료 리턴 라인이 제한 부분 막힘을 받고 있는지 모른다. 누가 맞는가?
(A) A만   (B) B만   (C) A와 B 모두   (D) 둘 다 아니다

> 엔진 시동이 꺼진 후에는 연료 라인은 일정한 압력 잔압이 유지되어야 한다. 만약 연료 압력 레귤레이터에서 누설이 발생한다면 연료는 연료 탱크로 리턴되어 잔압이 유지되지 않는다. 이 상태에서 엔진 크랭킹을 시도하면 평소보다 더 오랜 크랭킹이 걸릴 것이다. 한편 연료 리턴라인의 부분적 막힘 불량이 존재하면 연료압이 상승하여 농후한 공연비를 형성한다.
>
> **정답** A

단어 longer 더 긴 / normal 정상 / leaking 누설하는 / restricted 제한, 부분적으로 막힌

02.

A fuel injection engine has a higher than specified idle speed with the engine at normal operating temperature. Which of the following is the LEAST likely cause of this problem?

(A) lower TPS signal

(B) intake manifold vacuum leak

(C) malfunctioning coolant temperature sensor(CTS)

(D) lean air fuel mixture

> **번역** 연료 인젝션 엔진이 정상 작동 온도에 도달한 후에는 더 높은 아이들 스피드가 갖는다. 이 문제에 대해 가장 가능성이 적은 것을 어느 것인가?
> (A) TPS 신호 낮음 (B) 흡기 매니폴드 진공 누설
> (C) 고장 난 냉각 수온 센서 (D) 희박한 연료 혼합가스
>
> ▲ TPS 출력 신호, 흡기 매니폴드 진공, 냉각 수온 센서는 엔진 아이들 스피드에 미친다. 반면에 희박한 공연비는 아이들 스피드 저하를 초래한다.
>
> **정답** D

03.

A customer complains about poor fuel economy. The engine operates properly, but there is black smoke from tail pipe during engine warm up.
Technician A says that fuel pressure may be higher than specification.
Technician B says that the fuel filter should be replaced. Who is right?

(A) A only　　　(B) B only　　　(C) Both A and B　(D) Neither A nor B

> **번역** 고객이 연비 악화에 대해 불평한다. 엔진은 적당하게 작동하지만 엔진이 웜 업 하는 동안에 테일 파이프에서 흑색의 연기가 나온다.
> 정비사 A : 연료압이 규정 값보다 높을 수 있다
> 정비사 B : 연료 필터를 교체해야 한다. 누가 맞는가?
> (A) A만　(B) B만　(C) A와 B 모두　(D) 둘 다 아니다
>
> ▲ 엔진이 정상 작동온도에 도달하는 과정에서 테일 파이프에서 흑색의 연기가 발생한다면 공연비가 매우 농후함을 암시한다. 규정 값보다 높은 연료압력은 농후한 공연비의 발생 가능 원인이 된다. 정비사 A는 맞다. 반면에 연료 필터가 오염되었거나 막혔다면 규정 값 보다 낮은 연료압력을 초래할 것이다. 막힌 연료필터는 흑색의 스모크 발생원인과는 관련성이 적다. 정비사 B는 틀리다.
>
> **정답** A

UNIT 2 테스트 사양 및 작업 목록 **129**

04. The scan tool shows that DTC is P0171 system too lean bank 1.
Technician A says that some injectors may be clogged.
Technician B says that some injectors may be dripping. Who is right?

(A) A only (B) B only (C) Both A and B (D) Neither A nor B

> **번역** 스캔 툴은 확인 결과 고장 코드 P0171 시스템 뱅크 1 지나치게 희박함이 검출되었다.
> 정비사 A : 일부 인젝터들이 막혀 있을 수 있다.
> 정비사 B : 일부 인젝터들이 누설하고 있을 수 있다. 누가 맞는가?
> (A) A만 (B) B만 (C) A와 B 모두 (D) 둘 다 아니다
>
> 인젝터 막힘, 연료 필터 막힘, 인젝터 회로 불량 등은 DTC P0171 시스템 뱅크 1 공연비 희박의 발생 가능 원인들이다. 정비사 A는 맞다. 반면에 인젝터 누설은 지나친 CO, HC 유해가스의 발생 가능원인이 된다. 정비사 B는 틀리다.
>
> **정답** A

단어 **specified** 특정의 / **malfunctioning** 고장 난 / **customer** 고객 / **properly** 적절하게 / **specification** 규격 / **should be replaced** 반드시 교체되어야 한다 / **too lean** 지나치게 희박한 / **clogged** 막힌 / **dripping** 떨어지는

05. Technician A says that if the gas cap is not tighten, MIL might be turned ON. Technician B says that excessive contaminated fuel filter can result in hesitation during acceleration. Who is right?

(A) A only (B) B only (C) Both A and B (D) Neither A nor B

> 번역 정비사 A : 만약 연료 탱크 캡 gas cap 을 단단하게 잠그지 않으면 고장 경고등이 점등될 수 있다.
> 정비사 B : 심하게 오염된 연료 필터는 가속 시 헤지테이션 가속 느림 을 초래할 수 있다. 누가 맞는가?
> (A) A만 (B) B만 (C) A와 B 모두 (D) 둘 다 아니다
>
> 연료 캡을 확실하게 잠그지 않으면 EVAP 시스템 모니터링에 의해 고장 경고등이 점등된다. 연료 필터가 심하게 오염되었을 경우 연료 공급 시 원활하지 않아 가속 시 헤지테이션이 발생할 수 있다. 정비사 A, B 모두 맞다.
>
> 정답 C

06. Technician A says that if the ignition switch is ON for two seconds without cranking, the fuel pump stop running.

Technician B says that if fuel pump check valve stuck open, it can cause hard starting. Who is right?

(A) A only (B) B only (C) Both A and B (D) Neither A nor B

> 번역 정비사 A : 만약 점화 스위치가 크랭킹 없이 약 2초간 켜져 있다면, 연료펌프는 작동을 멈춘다.
> 정비사 B : 만약 연료펌프 체크밸브가 열린 채 고착되었다면, 하드 스타팅을 초래할 수 있다. 누가 맞는가?
> (A) A만 (B) B만 (C) A와 B 모두 (D) 둘 다 아니다
>
> 점화 스위치를 ON하면 연료펌프의 릴레이에 전원이 공급되어 연료펌프가 작동되지만 크랭킹이 없으면 PCM은 연료펌프 릴레이를 OFF시켜 연료펌프의 작동이 멈춘다. 한편 연료펌프의 체크밸브가 열린 채 고착되었다면 연료 시스템 압력을 유지시키지 못하여 엔진 시동 시 하드 스타팅을 초래할 수 있다.
>
> 정답 C

07.
Technician A says that TPS output voltage at WOT is usually about 10% of the TPS input voltage.

Technician B says that any glitch in waveform of TPS could cause hesitation during acceleration. Who is right?

(A) A only (B) B only (C) Both A and B (D) Neither A nor B

번역 정비사 A : WOT에서 TPS 출력 전압은 TPS의 입력 전압의 약 10%이다.

정비사 B : TPS 파형에서 어떤 글리치가 있으면 가속 시 헤지테이션 가속 주춤 을 초래할 수 있다.

(A) A만 (B) B만 (C) A와 B 모두 (D) 둘 다 아니다

> WOT에서는 TPS 출력 전압이 약 4.5V, 즉 TPS 입력신호의 약 90%에 해당한다. 반면에 TPS가 닫힌 상태에서는 TPS의 입력신호의 0.5V, 즉 TPS의 입력신호의 약 10%에 해당한다. 한편 TPS 파형에 글리치가 존재하면 가속 시 헤지테이션이 발생할 수 있다.
>
> **정답** B

단어 **is not tighten** 단단하게 잠겨 있지 않은 / **MIL** malfunction indicator lamp 고장 경고등 / **contaminated** 오염된 / **without cranking** 크랭킹 없이 / **stop running** 작동을 멈춘다 / **WOT** wide of throttle 스로틀 밸브가 완전히 열린 상태 / **glitch** 글리치, 일순간 보이는 잡음 펄스

08.
Which of the following is MOST likely cause of high fuel pressure in fuel system?

(A) high intake manifold vacuum

(B) leaking fuel pump check valve

(C) restricted fuel return line

(D) excessive contaminated fuel pump filter

> **번역** 연료 시스템에서 높은 연료압력의 발생 원인은 어느 것인가?
> (A) 높은 흡기 매니폴드 진공
> (B) 연료펌프 체크밸브 누설
> (C) 연료 리턴 라인 제한(부분 막힘)
> (D) 지나치게 오염된 연료펌프 필터

> 부분적으로 막힌 연료 리턴 라인은 높은 연료압력의 발생 가능이 된다.

정답 C

09.
Technician A says that if wastegate is stuck open, turbocharger boost pressure will be reduced.

Technician B says that damaged turbocharger bearing will reduce turbocharger boost pressure. Who is right?

(A) A only   (B) B only   (C) Both A and B   (D) Neither A nor B

> **번역** 정비사 A : 만약 웨이스트 게이트가 열린 채 고착되었다면 터보차저 부스터 압력은 감소될 것이다.
> 정비사 B : 손상된 터보차저 베어링은 터보차저 부스터 압력을 감소시킬 것이다. 누가 맞는가?
> (A) A만   (B) B만   (C) A와 B 모두   (D) 둘 다 아니다.

> 웨이스트 게이트가 열린 채 고착되었다면 배기가스가 터빈 휠을 지나가지 않고 옆으로 바이패스 됨으로서 터빈 회전수를 감소시켜 부스트 압력도 감소될 것이다. 터보차저 베어링이 손상되어 원활하게 회전하지 못하면 충분한 부스터 압력을 생성되지 못한다. 정비사 A, B 모두 맞다.

정답 C

UNIT 2 테스트 사양 및 작업 목록

10. What is the maximum variation between injectors while performing a fuel injector pressure drop test?

(A) 10kPa(1.5psi)　　(B) 30kPa(4.5psi)　　(C) 50kPa(7.5psi)　　(D) 70kPa(10.5psi)

번역 연료 인젝터 압력 저하 테스트 실시 중 인젝터들 사이에서 최대 편차는 얼마인가?

(A) 10kPa(1.5psi)　(B) 30kPa(4.5psi)　　(C) 50kPa(7.5psi)　　(D) 70kPa(10.5psi)

> 연료 인젝터 압력 저하 테스트는 스캐너를 사용하여 인젝터에 약 500ms의 분사 시간을 부가하는 동안의 압력 저하를 관찰한다. 만약 각 인젝터를 통해 분사되는 연료량이 균일하다면 압력 저하는 균일해야 할 것이다. 전형적인 압력 저하 편차는 10kPa(1.5psi) 이내이여야 한다.
>
> **정답** A

단어 **contaminated** 오염된 / **reduce** 감소시키다 / **maximum variation** 최대 편차

11. What is the most likely cause that the idler air(IAC) control valves is open further than specification?

(A) A intake manifold leak (B) An open PCV valve
(C) A defective air flow sensor (D) Throttle plate contamination

> 번역 규격보다 더 많이 IAC 밸브가 열리는 가장 가능성 큰 원인은 무엇인가?
> (A) 흡기 매니폴드 누설 (B) PCV 밸브 열림
> (C) 에어 플로우 센서 결함 (D) 스로틀 플레이트 오염

크랭크케이스에 포집된 블로바이 가스는 흔히 스로틀 바디로 역류하여 스로틀 플레이트 또는 보어 bore 를 오염시킨다. 이런 퇴적물은 정기적인 점검을 통하여 제거시켜야 한다. 특히 아이들 불안정 하거나 규격보다 스로틀 밸브 열림량이 더 큰 경우에는 스로틀 플레이트에 탄소 퇴적물이 있는지 점검해야 한다.

정답 D

12. The vacuum leak problem can produce the following driveability symptoms EXCEPT _____.

(A) Rough idle (B) Overheating (C) Knocking (D) Hesitation

> 번역 진공 누설은 다음의 주행 증상을 초래할 수 있다. 단, _____이다.
> (A) 아이들 불안정 (B) 과열 (C) 노킹 (D) 헤지테이션

진공 시스템의 누설 문제는 여러 주행 증상을 초래한다. 예를 들면 스톨 현상, 시동 곤란, 불안정한 아이들, 가속 불량, 과열, 노킹, 감속 시 역화 등이 발생할 수 있다. 반면에 헤지테이션은 가속 페달을 밟았을 때 가속이 지연되어 발생하는 주행 증상으로 가장 큰 원인으로 연료 시스템 문제 또는 스로틀 포지션 센서 결함이다.

정답 D

UNIT 2 테스트 사양 및 작업 목록 **135**

13. While discussing STFT and LTFT numbers,

Technician A says that a short term fuel trim(STFT) is set to minimize emission output by the PCM.

Technician B says that the negative numbers on the long-term fuel trim(LTFT) indicate the PCM is adding fuel to the air-fuel mixture to try 14.7:1 ratio. Who is right?

(A) A only　　　(B) B only　　　(C) Both A and B　(D) Neither A nor B

번역 STFT와 LTFT에 대해 논의 중

정비사 A : PCM에 의해서 STFT는 유해 가스 배출량을 최소화시키기 위해서 설정된다.

정비사 B : LTFT에서 음수는 PCM이 14.7:1 비율을 맞추기 위해 연료혼합가스에 연료를 더하고 있음을 암시한다. 누가 맞는가?

(A) A만　　　(B) B만　　　(C) A와 B 모두　　(D) 둘 다 아니다.

> 연료혼합가스를 일시적으로 보정시키는 STFT는 PCM에 의해 제어된다. PCM은 엔진 작동 조건에 따라 인젝터 연료 분사를 제어하여 유해가스 배출량을 최소화시킨다. 정비사 A는 맞다. LTFT에서 양수 positive number 는 연료 분사를 늘리고 있음을 의미하고, 음수 negative number 는 연료 분사를 줄이고 있음을 의미한다. 정비사 B는 틀리다.

정답 A

단어 **further than specification** 규격보다 더 많이 / **driveablility symptoms** 주행 증상 / **is substracting** 연료를 감소시키다 / **negative numbers** 음수

14. Which of the following would not cause a hard starting problem on a port injection engine?

(A) Contaminated injectors
(B) A leaking fuel pressure regulator
(C) A defective MAF sensor
(D) A defective oxygen sensor

> **번역** 포트 인젝션 엔진에서 시동 곤란을 초해하는 원인이 아닌 것은 어느 것인가?
> (A) 오염된 인젝터
> (B) 누설하는 연료 압력 레귤레이터
> (C) 결함 있는 에어 플로우 센서
> (D) 결함 있는 산소 센서
>
> 인젝터 오염, 압력 레귤레이터 누설, 에어 플로우 센서 결함은 시동 곤란을 초래하는 가능 원인들이다. 그 외에도 진공 누설, 점화 시스템 문제, 엔진의 기계적 결함 등이 존재한다. 반면에 시동 시에는 오픈 루프 open loop 시스템이기 때문에 산소 센서 결함은 시동 곤란의 직접 원인이 되지 않는다.
>
> **정답** D

단어 contaminated 오염된

Chapter D

Emissions Control Systems Diagnosis and Repair Including OBD II
8 questions

배기가스제어 시스템 진단과 수리 8문항

D.1. PCV 시스템 Positive Crankcase Ventilation 1 question

— Test and diagnose emissions or driveability problems caused by positive crankcase ventilation(PCV) system. / Inspect, service, and replace positive crankcase ventilation(PCV) filter/breather cap, valve, tubes, orifice/metering device, and hoses.

1.1. 블로바이 가스 Blowby gas

- 일부 미연소 연료와 연소 생성물은 피스톤 링을 통과해 크랭크 케이스에 포집되는데 이를 블로바이 가스라 부른다. 엔진에서 완전 연소 complete combustion 은 불가능하기 때문에 어느 정도의 블로바이 가스는 발생할 수밖에 없다.
- 블로바이 가스는 엔진 마모와 오일 누유를 유발시킨다.

❶ 블로바이 가스가 크랭크 케이스에서 응축 condense 되는 것을 막고, 엔진오일과 반응하여 슬러지 sludge 를 생성을 방지하기 위해 블로바이 가스를 제거해야 한다. 슬러지가 엔진오일과 함께 엔진 내를 순화하면서 피스톤 링, 밸브, 베어링 등의 마모를 촉진시킨다.

❷ 만약 과다한 블로바이 가스가 크랭크 케이스 내 압력을 상승시키면, 오일 팬 개스킷과 크랭크샤프트 실 seal 를 통해 블로바이 가스가 유출될 것이다.

1.2. PCV 시스템 PCV system

❶ PCV positive crankcase ventilation 시스템을 통하여 블로바이 가스 압력 상승과 오일 누유 발생을 막는다.

❷ 에어 필터를 통과한 공기 fresh air 의 대부분은 흡기 매니폴드로 유입 되지만, 그 중 일부 공기는 에어호스를 통해 로커 암 커버 rocker arm 로 유입되고 실린더 헤드를 지나 크랭크 케이스까지 흘러들어간다.

❸ 크랭크 케이스에 유입된 공기는 블로바이 가스와 혼합되어 실린더 헤드로 올라가고 로커암 커버와 PCV 밸브까지 흘려간다. 흡기 매니폴드 진공 intake manifold vacuum 에 의해 PCV 밸브가 열리면 블로바이 혼합 가스는 연소실로 유입되어 재연소된다.

❹ PCV 시스템은 대기환경 보호차원에서 블로바이 가스가 대기로 방출되는 것을 방지하는 기능도 한다.

❺ PCV 시스템이 제대로 작동하지 않으면 엔진 수명을 단축시킬 수 있다. 즉 유해한 블로바이 가스가 엔진 내부에 잔류하여 부식과 마모를 촉진하기 때문이다.

1.3. PVC 밸브 PCV valve

❶ 엔진이 꺼져 있는 상태에서는 PCV 밸브는 스프링에 의해 밸브 하우징 쪽으로 밀착되어 있다.

❷ 공회전 및 감속 시에는 흡기 매니폴드의 진공이 높기 때문에 PCV 밸브를 위로

올라감으로서 밸브가 조금 열린다.

❸ 열린 밸브를 통해 소량의 블로바이 가스가 흡기 매니폴드로 유입돼 들어간다.

❹ 고부하 heavy load 또는 가속 시에는 매니폴드 진공이 감소하기 때문에 스프링은 밸브를 아래로 움직여 밸브 열림량이 커지고 더 많은 블로바이 가스가 흡기 매니폴드로 유입된다.

엔진 상태	엔진 정지 상태	공회전 또는 감속	정상 작동	고속, 고엔진부하
흡기 매니폴드 진공	없음	높음	중간	낮음
PCV 밸브 상태	닫혀 있음	조금 열림	중간 열림	완전 열림
블로바이 가스 유량	없음	소량	중간	많음

1.4. PCV 밸브 고장

❶ 피스톤 링과 피스톤 벽의 마모가 심하여 지나친 블로바이 가스가 생성되어 크랭크 케이스에 내부 압력이 커지면, 블로바이 가스는 역으로 에어 호스를 걸쳐 에어 필터에 유입되어 에어필터를 오염시킨다.

❷ 만약 PCV 밸브가 열림 고착 stuck wide-open position 이면, 과다한 블로바이 가스가 연소실에 유입돼 공회전 불량 또는 엔진 스톨을 초래할 것이다.

❸ PCV 밸브 막힘 불량 또는 호스 막힘 불량이 발생한다면, 과다한 블로바이 가스 압력이 발생할 것이며, 이로 인해 개스킷 또는 실에 누유가 발생할 수 있다.

❹ 에어 클리너에 오일흔적이 발견된다면 PCV 밸브의 작동불량을 암시한다.

1.5. PCV 밸브 검사

❶ PCV 밸브를 밸브커버에서 분리한다. 엔진을 공회전 시키면서 PCV 밸브에서 히싱 노이즈 hissing noise , 쉬-노이즈 가 들리는지 확인한다. 만약 이 노이즈가 들리면 PCV 밸브의 막힘 불량은 아니다.

❷ PCV 밸브의 끝을 손가락으로 막았을 때 진공이 없거나 매우 약하다면, PVC 밸브 또는 호스에 막힘 불량이 있는 것이다.

❸ PCV 밸브를 흔들어 밸브 안에 있는 니들 needle 이 딸깍 소리 rattling 가 나는지 확인한다. 만약 들리지 않으면 밸브를 교환한다.

❹ PCV 밸브 입구 쪽에 깨끗한 호스를 연결하고, 밸브 출구 outlet 쪽에는 손가락을 댄다. 이 상태에서 밸브 호스를 입에 대고 세게 불어본다. 손가락에 밸브를 통해서 나오는 공기가 잘 느껴져야 한다. 만약 그렇지 못하면 밸브를 교환한다. 이번에는 반대로 해서 호스를 PCV 밸브 출구 쪽에 연결하고 입으로 불었을 때, 공기가 통과해서는 안 된다. 만약 쉽게 통과한다면, 밸브를 교체한다.

❺ 엔진 아이들 상태에서 PCV 밸브와 인테이크 매니폴드 사이에 연결된 호스를 플라이어 등으로 조였다 풀었다 pinching and unpinching 를 해본다. 이때 클리킹 노이즈 clicking noise 가 들려야 한다. 만약 들리지 않는다면 PCV 밸브 또는 PCV 밸브 그로멧 valve grommet 불량이다.

D.2. Exhaust Gas Recirculation 3 questions

2.1. EGR에 의한 성능불량

— Test and diagnose driveability problems caused by the exhaust gas recirculation(EGR) system.

(1) EGR 시스템

EGR 시스템은 질소산화물 발생을 억제하기 위해 엔진에 적용된다. EGR 시스템은 배기가스 일부를 실린더 내부에 유입시켜 실린더의 연소온도 상승을 억제시킴으로서 고온 약 3500°F에서 발생하는 질소산화물 NOx 발생을 억제시킨다.

(2) 진공 레귤레이터에 의한 EGR 밸브

EGR 시스템에 설치된 압력센서는 배기시스템의 압력을 감지하여 ECM에 전압신호를 전달하고, 이 입력신호를 바탕으로 ECM은 진공 레귤레이터를 조정하여 EGR 밸브의 개폐정도를 조정한다.

(3) 디지털 EGR 밸브

디지털 EGR 밸브의 특징은 흡기 매니폴드의 진공을 이용하지 않고 직접 ECM이 여러 입력정보를 바탕으로 디지털 EGR 밸브의 솔레노이드를 작동시켜 보다 정밀하게 EGR 재순환을 조정한다.

2.2. EGR의 DTC 해석

— Interpret exhaust gas recirculation(EGR) related diagnostic trouble codes(DTCs); determine needed repairs.

DTC	P0401 EGR 가스 불충분한 흐름 Insufficient EGR Flow
발생가능원인	DPFE diffential pressure feedback exhaust 센서결함 탄소 퇴적물에 의한 EGR 통로 막힘 EGR 밸브 결함 EGR 밸브 진공라인 결함

2.3. EGR 시스템

— Inspect, test, service, and replace components of the EGR system, including EGR valve, tubing, exhaust passages, vacuum/pressure controls, filters, hoses, electrical/electronic sensors, controls, solenoids and wiring of exhaust gas recirculation(EGR) systems.

(1) EGR 시스템

EGR 시스템의 고장은 엔진 스톨, 불안정한 공회전, 데토네이션, 연비 악화를 초래할 수 있다. 만약 EGR 밸브가 열린 채 고착되었거나 누설이 발생하면, 배기가스의 유입으로 엔진 스톨이나 불안정한 공회전을 초래할 것이다. 만약 EGR 밸브가 열리지 않거나 배기가스 통로가 막혔다면, 연소 온도가 상승하여 데토네이션이나 노크 현상이 초래할 수 있다.

(2) EGR 시스템 검사

EGR 시스템 진공 호스는 양호해야 한다 예, 미세한 균열이나 파손 등이 없어야 한다. EGR 진공호스는 시간이 지날수록 점점 경화硬化 되어 나중에 누설 발생의 원인이 되기도 한다.

(3) 진공식 EGR 밸브

먼저 엔진을 공회전시켜 정상 작동온도에 도달하게 한 다음 진공 핸드펌프를 EGR 밸브에 연결한다. 진공 핸드펌프를 통해 EGR 밸브에 진공을 가하면 엔진은 반드시 불안정한 공회전 또는 엔진 스톨이 발생해야 정상이다. 이는 EGR 밸브가 정상적으로 열림으로서 배기가스가 엔진 실린더에 유입되고 있음을 암시한다. 반대로 공회전 상태가 양호하다면 EGR 밸브나 EGR 통로가 막혔음을 암시한다. 이런 경우에는 EGR 밸브를 분리하여 탄소 퇴적물을 제거시켜 주어야 한다.

(4) 전자식 EGR 밸브

EGR 포지션 센서가 전자식 EGR 밸브에 장착되어 PCM에 데이터를 송부하여 EGR 밸브가 어느 정도 열려 있는지를 파악한다. PCM은 EGR 포지션 센서, 냉각 수온 센서, 에어 플로우 센서, 스로틀 포지션 센서, 크랭크 포지션 센서, 기타 센서 등을 입력 신호로 사용하여 질소산화 가스 NOx 발생량을 제어한다. 전자식 EGR 밸브의 결함이 발생하면 대부분의 경우에는 관련 DTC 코드가 발생할 것이다. 스캐너를 사용하여 해당 결함코드를 파악할 수 있다.

D.3. Secondary Air Injection(AIR) and Catalytic Converter

3.1. 2차 에어 인젝션 또는 촉매 컨버터 시스템

— Test and diagnose emissions or driveability problems caused by the secondary air injection or catalytic converter systems.

(1) 에어 인젝션 시스템

- **주목적** : 배기가스 중 미연소 된 연료가스에 공기를 주입하여 CO와 HC 가스를 CO_2와 H_2O로 변환시킨다.

- **시스템 구성** : 에어펌프, 전환밸브 diverter valve, 체크밸브 check valve, 에어 컨트롤 밸브 air control valve, 에어 스위칭 밸브 air switching valve

- **작동 방법**

    ❶ 공기를 생성하는 에어펌프는 크랭크샤프트 풀리 pulley 에 의해 구동된다.

    ❷ 냉간 엔진 : 공기는 배기 매니폴드에 유입되어 CO와 HC를 감소시킨다.

    ❸ 열간 엔진 : 공기는 촉매 컨버터에 유입되어 CO와 HC를 감소시킨다.

    ❹ 엔진상태에 따라 유입경로가 다른 이유 : 엔진과 산소센서가 작동온도에 도달하게 되면 폐쇄 회로 closed loop 가 형성된다. 이 조건 상태에서 공기가 배기 매니폴드로 유입되면 산소센서는 낮은 전압신호를 컴퓨터에 전달하고, 컴퓨터는 이를 희박 공연비로 판단하여 농후한 연료비를 만들려고 시도하기 때문이다. 이런 이유로 작동온도에 도달하면 촉매 컨버터로 유입된다.

    ❺ 전환 밸브 : 감속 시 공기가 배기매니폴드에 유입되면 자칫 역화 backfire 가 발생할 수 있다. 이를 방지하기 위해 공기는 전환밸브를 통해 다시 대기로 방출된다.

(2) 2차 에어 인젝션 고장코드

― Interpret secondary air injection system related diagnostic trouble codes(DTCs); determine needed repairs.

예) P0411 : Secondary Air Injection System Incorrect Flow Detected

증상 Symptoms	MIL 점등 MIL illumination 가속 시 역화 발생 Backfiring under hard acceleration 벨트 끼익 노이즈 등 Squealing belt noise
가능 원인 Possible cause	체크밸브 손상 또는 누락 Damaged or missing check valve 에어펌프 흡기 포트 막힘/손상 AIR pump intake port plugged/damaged 에어펌프 클러치 고장 AIR pump clutch malfunction 배기 시스템 구성품의 파손 Damage to exhaust components

(3) 2차 에어 인젝션 시스템 검사

― Inspect, test, service, and replace mechanical components and electrical/ electronically operated components and circuits of secondary air injection systems.

지나치게 HC와 CO가 높으면 에어펌프의 자체결함, 드라이브 벨트의 느슨함, 호스와 파이프 훼손, 전환 밸브와 체크밸브의 작동 불량 등을 점검해야 한다. 흡기 매니폴드 진공이 매우 높을 때에는 전환밸브가 공기 유입을 차단하지 못하면 역화逆火가 발생할 수 있다. 물론 진공 호스나 파이프에 결함이 발생해도 역화는 발생할 수 있다.

에어 인젝션 시스템에서 노이즈가 발생한다면, 에어펌프 마운팅, 드라이브 벨트가 느슨하거나 마모, 훼손 되었는지 점검한다. 기타 원인으로는 에어 펌프 내 베어링 손상, 호스나 파이프에서의 공기 누설도 노이즈 발생 원인이다.

(4) 촉매 컨버터

― Inspect catalytic converter. Interpret catalytic converter related diagnostic trouble codes(DTCs); determine needed repairs.

1) 촉매 컨버터

유해한 배기가스 HC, CO, NOx 를 수증기 H_2O, 이산화탄소 CO_2 등으로 산화, 환원 반응을 통해 무해한 배기가스로 변환시켜주는 기능과 더불어 배기가스의 노이즈 noise level 를 감소시켜주기도 한다.

2) 촉매 컨버터 catalytic converter 진단 및 검사

엔진의 실화 misfire 로 미연소 연료가 배기시스템에 유입되면 컨버터가 오버히트하여 내부에서 녹을 수 있다. 컨버터의 막힘 불량은 배기 밸브 손상, 고속에서의 엔진성능 저하, 스톨 stall, 진공 테스트 실시할 때 진공값 불량 등을 초래한다. 컨버터 효율은 4 배기가스 분석기로 검사할 수 있다. 온도 측정계 pyrometer 를 이용하여 촉매 컨버터의 이상 유무를 확인할 수 있다. 컨버터 출구 outlet 온도는 입구 inlet 온도보다 100°F 37.7℃ 가 높아야 정상이다. 만약 컨버터 출구 온도가 같거나 낮다면, 컨버터 내부에서 산화환원 반응이 없는 것이다.

3) 배압 back pressure 측정

흡기 매니폴드에 진공게이지를 연결하고 엔진의 rpm을 2,500rpm로 올렸을 때, 진공값이 0inHg로 떨어졌다가 다시 조금씩 진공값이 올라간다면 이 현상은 촉매 컨버터 막힘 불량을 암시한다.

압력게이지를 이용하여 컨버터 막힘 불량을 측정할 수도 있다. 먼저 O_2 센서를 탈거하고 압력게이지를 장착한다. 엔진 아이들 상태에서는 최대 1.5psi 이하로 측정되어야 하고 2,500rpm일 경우에는 2.5ps 이하여야 한다. 그 이상의 압력이 측정되면 촉매 컨버터 막힘 불량을 암시한다.

D.4. Evaporative Emissions Controls [3 questions]

4.1. 이뱁 EVAP 시스템

Test and diagnose emissions or driveability problems caused by the evaporative emissions control system.

❶ EVAP 시스템은 연료탱크 내에서 증발된 가솔린을 차콜 캐니스터 charcoal canister 에 포집하였다가 엔진 작동 중 증발가스를 스로틀 바디로 유입시켜 연소시킨다.

❷ EVAP 시스템의 주목적은 연료증발가스가 대기로 방출되는 것을 막는 것이다. 따라서 OBD II 시스템에서 아주 미세한 연료증발가스가 발생해도 컴퓨터가 감지하여 고장 경고등 MIL 을 점등시킨다.

❸ ECM은 엔진의 작동 온도에 도달하거나 주행 중에 퍼지 솔레노이드 밸브의 듀티 제어를 함으로서 열어 증발가스를 엔진에 유입시켜 연소시킨다.

❹ EVAP 시스템에서 연료 탱크 압력 센서는 피에조 piezo 타입의 압력 센서이다. 연료 탱크 압력센서는 연료 탱크, 연료펌프 또는 캐니스터에 장착되어 있으며 퍼지 컨트롤 솔레노이드 밸브 PCSV 작동 상태와 증발가스제어 시스템의 누설 여부를 파악하는 역할을 한다. 전용 스캐너를 DLC에 연결하여 연료 탱크 압력 센서 출력전압을 파악한다. 연료 탱크 내 증발 가스압이 증가할수록 연료탱크 압력센서의 출력 전압 값을 상승한다. 예. 0kpa → 2.5V, 6kPa → 4.5V

4.2. EVAP 고장코드 DTC

— Interpret evaporative emissions related diagnostic trouble codes(DTCs); determine needed repairs.

불량 현상	발생 가능 원인
엔진 시동이 어려움 Hard starting	퍼지 컨트롤 솔레노이드 밸브 불량
공회전 불안정 rough idle	EVAP 시스템 제어 장치 작동 불량
공회전 RPM 불규칙	진공 호스 손상 또는 균열

DTC	P0440 EVAP 시스템 결함 EVAP system fault
발생가능원인	* 연료 주입구 cap 헐거움 또는 자체 결함 * EVAP 벤트 vent 결함 * 차콜 캐니스터 charcoal canister 균열 * EVAP vent 또는 퍼지 베이퍼 purge vapor 라인 결함
DTC	P0442 미세한 누설 탐지됨 small leak detected
발생가능원인	* 연료 주입구 헐거움 또는 자체 결함 * EVAP 벤트 결함 * 차콜 캐니스터 균열 * EVAP 벤트 또는 퍼지 베이퍼 라인 결함
DTC	P0446 EVAP 캐니스터 벤트 막힘 EVAP canister vent blocked
발생가능원인	* EVAP 솔레노이드 전기적 문제 * EVAP 캐니스터 벤트 canister vent 라인 막힘

4.3. EVAP 시스템 검사, 테스트

— Inspect, test, and replace canister, lines/hoses, mechanical and electrical components of the evaporative emissions control system.

- 스캔툴을 사용하여 PCM이 퍼지 솔레노이드 밸브의 작동제어가 잘 수행되는지 확인할 수 있다. EVAP 가스 누설 시험조건으로 엔진 공회전 상태, No DTC 상태, 연료 탱크 내 연료 적재는 Full 또는 연료 경고등 수준이 아닐 것, 자동 변속기는 주차 또는 중립 상태, 엔진 정상 작동온도 상태일 것 등이다.
- 공회전 시에는 반드시 퍼지 솔레노이드가 OFF로 표시되어야 한다. 그러나 엔진의 작동 온도에 도달하고 가속페달을 밟았을 경우에는 퍼지솔레노이드는 ON으로 표시되어야 정상이다.

- **퍼지 컨트롤 솔레노이드 밸브 점검**

  ❶ 점화 스위치 OFF, 배터리 (-) 터미널을 분리한 다음, 퍼지 컨트롤 솔레노이드 밸브 커넥터를 분리한다.

  ❷ 퍼지 컨트롤 솔레노이드 밸브의 진공호스를 분리하고 핸드 진공펌프를 연결한다.

  ❸ 핸드 펌프를 사용하여 진공을 가한 다음 퍼지 컨트롤 솔레노이드 밸브에 배터리 전원을 연결하여 진공이 해제되는지를 확인한다.

조건	진공 상태
배터리 전원 연결하기 전	퍼지 솔레노이드 밸브는 닫힌 상태이므로 진공은 계속 유지되어야 한다.
배터리 전원 공급 시	퍼지 컨트롤 솔레노이드 밸브가 열리면서 진공이 해제되어야 한다.

  ❹ 점화스위치 OFF한 다음 퍼지 컨트롤 솔레노이드 밸브 커넥터를 분리한다. 퍼지 컨트롤 솔레노이드 밸브 터미널 양 단자에 멀티미터를 연결하여 저항값을 측정한다. 퍼지 컨트롤 솔레노이드 밸브의 저항 측정값은 제조사 매뉴얼 규격값에 부합해야 한다.

- 스로틀 바디에서 진공호스를 분리하고 진공호스가 연결되었던 니플 nipple 에 핸드 진공펌프를 연결한다. 엔진 공회전시 핸드 펌프를 사용하여 진공을 가하면서 진공이 유지되는지를 확인한다. 엔진 냉간 시에는 공회전 상태나 패스트 아이들 fast idle, 약 2500rpm 에서도 진공은 유지되어야 한다.

- 반면에 엔진이 정상 작동 온도 상태에 도달한 상태에서 핸드 펌프를 사용하여 진공을 가한다. 공회전시에는 진공이 유지되어야 하며 패스트 아이들 조건에서는 진공이 해제되어야 한다.

- 캐니스터 육안 검사할 때 캐니스터의 균열, 연료 누설, 베이퍼 호스, 튜브 연결부의 느슨함, 과도한 외관 변형 등이 있는지 확인한다.

- 일부 제조사에서 적용하고 있는 캐니스터 클로즈 밸브 canister close valve 는 캐니스터에 장착되어 있으며 EVAP 시스템에서 누설이 감지되는 경우 캐니스터와 대기를 차단하여

EVAP 시스템을 밀폐시키는 기능을 한다.

❶ 캐니스터 클로즈 밸브 점검방법은 먼저 점화스위치를 OFF한 다음 캐니스터 클로즈 밸브 커넥터를 분리한다. 캐니스터 클로즈 밸브 양 터미널 단자의 저항 측정값은 제조사 규격값에 부합해야 한다.

❷ 캐니스터 클로즈 밸브에서 캐니스터에 연결된 베이퍼 호스를 분리한 다음 그 니플에 핸드 진공 펌프를 연결한다.

❸ 핸드 진공펌프를 사용하여 캐니스터 클로즈 밸브에 진공을 가한 상태에서 배터리 전원을 가했을 때 진공은 계속 유지되어야 한다.

True or False Review Questions

01 블로바이 가스는 크랭크 케이스에서 엔진오일과 함께 응축되어 슬러지 sludge 를 생성한다.

> **True** 블로바이 가스는 크랭크 케이스에서 엔진 오일과 반응하여 응축되어 슬러지를 생성한다. 이 슬러지가 엔진오일과 함께 엔진 내를 순환하면서 피스톤 링, 밸브, 베어링 등의 마모를 촉진시킨다.

02 공회전시에는 흡기 매니폴드의 진공이 높기 때문에 PCV 밸브의 열림량이 크다.

> **False** 공회전 및 감속 시에는 흡기 매니폴드의 진공이 높기 때문에 PCV 밸브를 위로 올라감으로서 밸브가 조금 열린다.

03 EGR 시스템은 배기가스 일부를 실린더 내부에 유입시켜 실린더의 연소온도상승을 억제시킴으로서 고온 약 3500°F에서 발생하는 HC와 CO 발생을 억제시킨다.

> **False** EGR 시스템은 질소산화물 NOx 발생을 억제시킨다.

04 DTC P0401 EGR 가스 불충분한 흐름은 EGR 밸브 진공 라인 결함에 의해 발생할 수 있다.

> **True** DTC P0401 발생 가능 원인으로 EGR 밸브 진공 라인 결함, EGR 밸브 결함, 탄소 퇴적물에 의한 EGR 밸브 막힘, DPFE 센서 결함 등이 있다.

05 냉간 엔진시 AIR 시스템의 공기는 촉매 컨버터로 유입되어 CO와 HC를 감소시킨다.

> **False** 냉간 엔진에서는 공기는 배기 매니폴드에 유입되어 CO와 HC를 감소시킨다. 열간 엔진에서는 공기는 촉매 컨버터에 유입되어 CO와 HC를 감소시킨다.

06 감속 시 AIR 시스템의 공기는 전환밸브를 통해 배기 매니폴드로 유입된다.

> **False** 감속 시에는 역화를 방지하기 위해서 공기는 전환밸브를 통해 대기로 방출된다.

07 에어 펌프 클러치가 고장나면 DTC P0411 '2차 에어 인젝션 시스템 불충분한 흐름 탐지'가 발생할 수 있다.

> **True** P0411 발생원인은 체크밸브 손상 또는 누락, 에어펌프 흡기 포트 막힘/손상, 에어펌프 클러치 고장, 배기 시스템 구성품의 파손 등이 있다.

08	온도 측정계를 사용하여 촉매 컨버터 성능 검사를 할 때, 컨버터 입구 온도가 출구 온도보다 약 100°F 높으면 컨버터의 성능은 양호하다.	False 컨버터 출구 온도가 입구 온도보다 약 100°F 높아야 정상이다. 만약 출구 온도가 낮다면 컨버터 내부에서 산화환원 반응이 없는 것이다.
09	엔진이 시동되면 즉시 ECM은 EVAP 시스템의 퍼지 솔레노이드 밸브의 듀티 제어를 함으로서 증발가스를 엔진에 유입시켜 연소시킨다.	False 엔진 정상 작동온도에 도달하거나 주행 중에 ECM은 퍼지 솔레노이드를 작동시켜 증발가스를 엔진에 유입시켜 연소시킨다.
10	EVAP 솔레노이드 전기적 문제에 의해서도 DTC P0446 'EVAP 캐니스터 벤트 막힘'이 발생할 수 있다.	True DTC P0446은 EVAP 퍼지 솔레노이드 전기적 문제, EVAP 캐니스터 벤트 라인 막힘 등에 의해 발생할 수 있다.

ASE Style Question

01. Technician A says that a stuck open PCV valve can cause higher idle speed than normal on a fuel-injection engine.

Technician B says that excessive crankcase pressure forces blowby gases into the air filter housing. Who is right?

(A) A only (B) B only (C) Both A and B (D) Neither A nor B

> 번역 정비사 A : 연료 인젝션 엔진에서 열린 채 고착된 PCV 밸브는 정상보다 더 높은 아이들 스피드를 초래할 것이다.
> 정비사 B : 지나친 크랭크케이스 압력은 블로바이 가스를 에어 필터 하우징 안으로 밀어 넣는다. 누가 맞는가?
> (A) A만 (B) B만 (C) A와 B 모두 (D) 둘 다 아니다.
>
> 공회전 시에는 흡기 매니폴드의 진공이 높기 때문에 PCV 밸브가 조금 열려 적은 량의 블로바이 가스가 흡기 매니폴드로 유입돼 들어간다. 만약 PCV 밸브가 열린 채 고착되면 많은 양의 블로바이 가스가 유입되어 아이들 스피드가 상승할 수 있다. 만약 PCV 밸브가 작동 불량하거나 호스가 막혔다면 과도한 블로바이 가스 압력이 발생하여 엔진 개스킷, 씰 등에서 누유가 발생할 수 있으며 에어 클리너에서 오일 흔적이 발견될 수도 있다. 정비사 A, B 모두 맞다.
>
> 정답 C

02. A vehicle has DTC P0440 Evaporative system fault.

Technician A says that the charcoal canister may be cracked.

Technician B says that EVAP vent and purge solenoid valve may be defective. Who is right?

(A) A only (B) B only (C) Both A and B (D) Neither A nor B

> 번역 어떤 자동차가 고장코드 P0440 EVAP 시스템 결함 코드를 가지고 있다.
> 정비사 A : 차콜 캐니스터가 균열되어 있을 수 있다.
> 정비사 B : EVAP 벤트와 퍼지 솔레노이드 밸브가 결함일 수 있다. 누가 맞는가?
> (A) A만 (B) B만 (C) A와 B 모두 (D) 둘 다 아니다.
>
> DTC P0440 EVAP 시스템 결함의 발생가능원인으로 연료탱크 캡 헐거움, 캡 결함, EVAP 벤트 결함, 차콜 캐니스터 균열, EVAP 벤트와 퍼지 솔레노이드 밸브 결함 등이 있다. 정비사 A, B 모두 맞다.
>
> 정답 C

UNIT 2 테스트 사양 및 작업 목록   **153**

03. Technician A says that restricted exhaust passage under the EGR valve can cause high NOx emission.

Technician B says that restricted radiator may cause high NOx emission. Who is right?

(A) A only　　　(B) B only　　　(C) Both A and B　(D) Neither A nor B

> **번역** 정비사 A : EGR 밸브 밑에 있는 부분적으로 막힌 배기가스 통로는 높은 질소산화물 유해가스를 초래할 수 있다.
> 정비사 B : 막힌 라디에이터는 높은 질소산화물 유해가스를 초래할 수 있다. 누가 맞는가?
> (A) A만　　　(B) B만　　　(C) A와 B 모두　　　(D) 둘 다 아니다.
>
> 만약 배기가스 통로가 부분적으로 막혔다면 배기가스의 실린더 유입이 원활하지 않아 질소 산화물이 증가할 것이다. 라디에이터 내부의 막힘 불량은 엔진의 작동온도를 증가시켜 질소 산화물 발생량을 증가시킬 것이다. 정비사 A, B 모두 맞다.
>
> **정답** C

단어 excessive 지나친 / be cracked 균열되다 / defective 결함있는 / restricted 막힌

04. Technician A says that a differential pressure feedback electronic(DPFE) sensor sends an digital voltage signal to the PCM in relation to exhaust gas flow. Technician B says that if the EGR exhaust passages are restricted with carbon deposit, and the EGR flow is reduced, the DPFE sensor informs the PCM regarding the improper EGR flow and a DTC is set in the PCM. Who is right?

(A) A only   (B) B only   (C) Both A and B   (D) Neither A nor B

> 번역 정비사 A : DPFE 센서는 배기가스의 흐름에 비례하여 PCM에 디지털 전압 신호를 보낸다.
> 정비사 B : 만약 EGR 배기가스 통로가 탄소 퇴적물로 제한을 받아 EGR 흐름이 감소된다면 DTC가 PCM에 설정된다. 누가 맞는가?
> (A) A만   (B) B만   (C) A와 B 모두   (D) 둘 다 아니다.

> DPFE 센서는 배기가스가 아닌 EGR 흐름에 비례하여 PCM에 디지털 전압신호를 보낸다. DPFE 센서결함, 탄소 퇴적물에 의한 EGR 통로 막힘, EGR 밸브 결함, EGR 밸브 진공라인 결함 등이 발생하면 DTC P0401가 PCM 메모리에 설정될 수 있다.
>
> 정답 B

05. Technician A says that the charcoal canister can become saturated with gasoline by excessive fuel level in the fuel tank.
Technician B says that the EVAP system monitor opens the purge valve and the fuel tank pressure sensor monitors the leak down rate. Who is right?

(A) A only   (B) B only   (C) Both A and B   (D) Neither A nor B

> 번역 정비사 A : 차콜 캐니스터는 연료 탱크 내 지나친 연료 레벨에 의해 가솔린으로 포화될 수 있다.
> 정비사 B : EVAP 시스템 모니터는 퍼지 밸브를 열고 연료 탱크 압력센서는 압력감소율을 모니터 한다. 누가 맞는가?
> (A) A만   (B) B만   (C) A와 B 모두   (D) 둘 다 아니다.

> 연료 탱크에 지나치게 많이 가솔린을 주유하면 차콜 캐니스터가 가솔린으로 포화될 수 있다. 정비사 A는 맞다. EVAP 시스템 모니터링 시에는 퍼지 밸브를 닫은 다음 연료 탱크 압력센서를 이용하여 시스템 내 압력 감소율을 모니터 한다. 정비사 B는 틀리다.
>
> 정답 A

UNIT 2 테스트 사양 및 작업 목록   **155**

06.

Technician A says that secondary air injection systems pump air into the exhaust ports at normal operating temperature.

Technician B says that AIR system deliver air to the catalytic converter during engine warm-up. Who is right?

(A) A only   (B) B only   (C) Both A and B   (D) Neither A nor B

> **번역** 정비사 A : 정상 작동온도에서 2차 에어 인젝션 시스템은 공기를 배기 포트로 펌프한다.
> 정비사 B : 엔진 웜 업 하는 동안에 AIR 시스템은 공기를 촉매 컨버터로 보낸다. 누가 맞는가?
> (A) A만   (B) B만   (C) A와 B 모두   (D) 둘 다 아니다.
>
> 엔진이 웜 업 하는 과정에는 공기는 배기포트로 유입되었다가 정상작동 온도 상태에 도달하면 공기는 촉매 컨버터에 유입되어 CO와 HC를 감소시킨다. 따라서 정비사 A, B 모두 틀리다.
>
> **정답** D

단어 **in relation to** 비례하여 / **regarding** 관련하여 / **become saturated** 포화된 / **normal operating temperature** 정상 작동 온도

07. Technician A that frequent stalling can be caused by the stuck opened EGR valve. Technician B says that the partially opened EGR valve can cause poor engine performance on acceleration. Who is right?

(A) A only (B) B only (C) Both A and B (D) Neither A nor B

> 번역 정비사 A : 빈번한 스톨 현상은 열린 채 고착된 EGR 밸브에 의해 발생할 수 있다.
> 정비사 B : 부분적으로 열린 EGR 밸브는 가속 시 엔진 성능 저하를 초래할 수 있다. 누가 맞는가?
> (A) A만 (B) B만 (C) A와 B 모두 (D) 둘 다 아니다.
>
> 만약 EGR 밸브가 열린 채 고착되었다면 엔진 시동 시 또는 공회전 시 배기가스가 실린더로 유입되어 엔진 스톨을 유발시킬 수 있다. 또한 EGR 밸브가 완전히 닫히지 않고 부분적으로 열린 상태라면 엔진 가속 성능 저하를 초래할 수도 있다. 정비사 A, B 모두 맞다.
>
> 정답 C

08. Technician A says that if the EGR valve is to hold vacuum and the engine is still running well, the exhaust passage must be blocked.
Technician B says that if the EGR valve will not hold vacuum, the EGR valve may be defective. Who is right?

(A) A only (B) B only (C) Both A and B (D) Neither A nor B

> 번역 정비사 A : 만약 EGR 밸브가 진공을 유지하고 엔진이 여전히 잘 작동하면, 배기가스 통로가 틀림없이 막혀 있다.
> 정비사 B : 만약 EGR 밸브가 진공을 유지하지 못하면 EGR 밸브는 고장일 수 있다. 누가 맞는가?
> (A) A만 (B) B만 (C) A와 B 모두 (D) 둘 다 아니다.
>
> 만약 공회전시 EGR 밸브에 진공 펌프로 진공을 가했다면 EGR 밸브가 열려 실린더 안으로 배기가스가 유입되어 엔진이 심하게 떨리거나 RPM 저하현상이 발생할 것이다. 따라서 만약 EGR 밸브가 불량하거나 또는 배기가스 통로가 막혔다면, EGR 밸브에 진공을 가해도 엔진은 여전히 잘 작동할 것이다. 한편 EGR 밸브 내 다이어프램 손상이 발생하면 EGR 밸브는 진공을 유지하지 못할 것이다.
>
> 정답 C

09. In operation on a running engine,

Technician A says that the PCV valve allows only a small volume of air to flow through during idle.

Technician B says that if the PCV valve sticks in the wide open position, the rough idle condition in the engine operation can occur. Who is correct?

(A) A only (B) B only (C) Both A and B (D) Neither A nor B

번역 엔진 작동 중에

정비사 A : PCV 밸브는 오직 아이들 상태에서만 소량의 공기를 통과시킨다.

정비사 B : 만약 PCV 밸브가 완전히 열린 상태에서 뻑뻑하다면 엔진에서 거친 아이들 상태를 초래할 수 있다. 누가 맞는가?

(A) A만 (B) B만 (C) A와 B 모두 (D) 둘 다 아니다.

> 아이들 상태에서는 PCV 밸브의 열림량은 작아 소량의 공기만 통과한다. 또한 만약 PCV 밸브가 완전히 열린 상태에서 뻑뻑하다면 과다한 공기가 유입되어 공연비를 희박하게 만들거나 거친 아이들 상태를 초래할 수 있다. 정비사 A, B 모두 맞다.

정답 C

단어 **frequent** 자주 / **partially** 부분적으로 / **be blocked** 막혀 있다 / **stick** 뻑뻑하다

10. Which of the following is LEAST likely condition of operating the purge solenoid in EVAP system?

(A) Vehicle speed (B) Engine temperature
(C) Idle speed (D) Open loop

> 번역 EVAP 시스템에서 퍼지 솔레노이드의 작동 조건 중에서 가장 아닌 것은?
> (A) 차속 (B) 엔진 온도
> (C) 아이들 상태 (D) 오픈 루프
>
> EVAP 시스템의 퍼지 솔레노이드 작동 조건은 클로즈 루프 closed loop, 엔진 정상 작동온도, 15mph 이상의 차속, 아이들 RPM 이상의 엔진 작동 등이다. 보기 D의 오픈 루프 open loop 는 EVAP 시스템 작동 조건에 해당하지 않는다.
>
> 정답 D

11. Technician A says that if HC and CO are high and CO_2 and O_2 are low, air fuel mixture must be too lean.

Technician B says that random misfires will cause the same result above. Who is right?

(A) A only (B) B only (C) Both A and B (D) Neither A nor B

> 번역 정비사 A : 만약 HC와 CO가 높고 CO_2와 O_2가 낮다면, 공기 연료 혼합가스가 지나치게 희박함이 틀림없다.
> 정비사 B : 무작위적인 실화도 상기와 동일한 결과를 초래할 것이다. 누가 맞는가?
> (A) A만 (B) B만 (C) A와 B 모두 (D) 둘 다 아니다.
>
> 농후한 공기 연료혼합가스는 배출가스에서 CO와 HC가 과다하게 배출된다. 무작위적인 실화가 발생하면 HC는 높게 나오지만 반면에 CO는 낮게 발생할 것이다. 따라서 정비사 A, B 모두 틀리다.
>
> 정답 D

12. What is the most likely cause of the internally melted catalytic converters?

(A) Knocking
(B) Detonation
(C) Rich air fuel ratio
(D) An ignition misfire

번역 내부에서 녹아 버린 촉매 컨버터의 가장 큰 원인은 무엇인가?

(A) 노킹
(B) 데토네이션
(C) 농후한 혼합비
(D) 점화 실화

> 실화가 발생하면 미연소 가스인 HC가 과다하게 발생하고 미연소된 HC는 촉매 컨버터의 촉매를 녹일 수 있다. 노킹, 데토네이션 발생은 엔진 실린더에 충격을 가해 피스톤 손상, 피스톤 링 마모, 밸브 등을 손상시킨다. 농후한 혼합비는 연비 악화와 유해한 배기가스 CO, HC 증가를 초래한다.

정답 D

단어 open loop 오픈 루프(개방 회로) / the same result above 위의 동일한 결과 / internally 내부(안)에서 / melted 녹은 / Detonation 비정상 연소

13. Technician A says that positive-back pressure EGR valves need exhaust back pressure to function.

Technician B says that a partially clogged EGR passage could cause the vehicle to fail an emission test for NOx. Who is right?

(A) A only (B) B only (C) Both A and B (D) Neither A nor B

> **번역** 정비사 A : 포지티브 배압 EGR 밸브는 작동하기 위해서 배기가스 배압을 필요로 한다.
> 정비사 B : 부분적으로 막힌 EGR 통로는 자동차 배기가스 테스트 실패를 초래할 수 있다. 누가 맞는가?
> (A) A만 (B) B만 (C) A와 B 모두 (D) 둘 다 아니다.

포지티브 배압 EGR 밸브 작동 시 배기가스 배압을 이용한다. 정비사 A는 맞다. 또한 EGR 통로가 부분적으로 막혀 있다면 배기가스가 실린더 내에 유입이 제한되면 NOx가 과다하게 발생할 수 있다. 정비사 B도 맞다.

정답 C

14. While discussing EGR valve diagnosis,

Technician A says that a defective knock sensor may affect the EGR valve operation.

Technician B says that a defective manifold absolute pressure(MAP) sensor may affect the EGR valve operation. Who is right?

(A) A only (B) B only (C) Both A and B (D) Neither A nor B

> **번역** Digital EGR 밸브 진단을 논의하는 동안에
> 정비사 A : 결함 있는 노크 센서는 디지털 EGR 밸브 작동에 영향을 줄 수 있다.
> 정비사 B : 결함 있는 MAP 센서는 디지털 EGR 밸브 작동에 영향을 줄 수 있다. 누가 맞는가?
> (A) A만 (B) B만 (C) A와 B 모두 (D) 둘 다 아니다.

컴퓨터는 엔진 부하 조건을 고려하여 디지털 EGR 밸브 작동을 제어한다. 따라서 엔진 부하를 나타내는 MAP, TPS 신호는 디지털 EGR 밸브 작동에 영향을 주는 센서들이다. 정비사 B는 맞다. 반면에 EGR 밸브 결함으로 배기가스의 유입이 제한되어 내부 연소 온도가 지나치게 상승하면 노크가 발생하고 노크 센서는 이를 감지하여 컴퓨터에 신호를 보내 점화시기를 지각시킨다. 따라서 노크 센서는 디지털 EGR 밸브 작동에 영향을 주지 않는다. 정비사 A는 틀리다.

정답 B

15. While discussing EVAP system,

Technician A says that a leak detection pump(LDP) pressurizes the EVAP system and checks for leaks with the fuel tank pressure sensor.

Technician B says that the fuel tank pressure sensor can be mounted on the fuel pump module and measure vacuum and pressure at the tank. Who is right?

(A) A only　　　　(B) B only　　　　(C) Both A and B　(D) Neither A nor B

> 번역 EVAP 시스템에 대해 논의하는 중에
> 정비사 A : 누설 탐지 펌프는 EVAP 시스템에 압력을 가하고 연료 탱크 압력 센서와 함께 누설을 점검한다.
> 정비사 B : 연료 압력 탱크 센서는 연료펌프 모듈에 장착될 수 있고 탱크에서 진공과 압력을 측정한다. 누가 맞는가?
>
> > 누설 감지 펌프 LDP 가 장착되어 있는 EVAP 시스템은 자체적으로 누설 여부를 확인할 수 있다. PCM은 누설 감지 펌프를 작동시켜 EVAP 시스템에 압력을 가하고 연료 탱크 압력 센서를 이용하여 누설이 발생하는지 점검한다. 연료 탱크의 압력 또는 진공을 측정하는 연료 탱크 압력 센서는 연료펌프 모듈에 장착되거나 또는 연료 탱크에 직접 장착될 수 있다. 정비사 A, B 모두 맞다.
> >
> > 정답 C

단어 **partially** 부분적으로 / **clogged** 막힌 / **affect** 영향을 주다 / **leak detection pump** 누설 탐지 펌프 / **can be mounted** 장착될 수 있다

Chapter E

Computerized Engine Controls Diagnosis and Repair
Including OBD II 13 questions

전자화된 엔진 제어 진단과 수리 OBD II 포함 13문항

E.1. DTC 코드와 프리즈 프레임 데이터 Freeze frame data

— Retrieve and record diagnostic trouble codes(DTCs) and freeze frame data if applicable.

1.1 DTC 코드 확인

과거 구형 모델에서 제조사에 따라 DLC data link connector 에 점프 와이어를 터미널에 연결하여 확인하는 방법, 일정한 몇 초 간격을 두고 점화키를 3회 ON/OFF를 실시하여 DTC 코드를 확인하는 방법 등이 있었다.

1.2 DTC 코드

SAE J2012 표준은 모든 DTC 코드를 5자리 알파벳과 숫자로 명시해야 한다고 규정했다.

P	0	3	0	1
P : 파워트레인 B : 보디 C : 새시	0 : SAE 1 : 제조사	0: 전체 시스템 1: 연료-공기 컨트롤 2: 연료-공기 컨트롤 3: 점화시스템 실화 4: 배기가스 컨트롤 5: 아이들 스피드 컨트롤 6: PCM 7: 변속기 8: 비 EEC 파워트레인	4번째, 5번째 숫자는 고장이 존재하는 특정영역을 암시 한다.	
P : 파워트레인 0 : 공통 코드 3 : 점화시스템 01 : 1번 실린더 실화		P0301 : Cylinder 1 Misfire detected		

1.3 DTC 용어 terminology

하드 코드 Hard codes	커런트 코드 current codes 라고도 부른다. 테스트 하는 시점에 존재하는 고장 코드
소프트 코드 Soft codes	간헐적으로 불량을 유발시키는 고장 코드이다. 테스트 시점에는 존재하지 않지만 과거 어느 시점에 고장코드가 있었음을 암시한다.
프리즈 프레임 Freeze frame	고장코드가 확정될 때 엔진과 미션의 작동상태에 관한 정보를 저장한 데이터이다.

하드 코드는 테스트 시점에 고장코드가 존재하기 때문에 상대적으로 소프트 코드에 비해 고장진단이 쉽다. 센서나 액추에이터에 관련된 고장코드의 검출이 반드시 해당 센서/액추에이터 자체 불량임을 암시하지는 않는다.

E.2. DTC 코드에 의한 배기가스 및 주행 불량 원인분석

— Diagnose the causes of emissions or driveability problems resulting from failure of computerized engine controls with diagnostic trouble codes(DTCs).

2.1 EVAP 관련 코드

DTC	P0441: EVAP 시스템 부정확한 퍼지 흐름 P0442: EVAP 시스템 누설 감지 / 소량 누설
발생가능원인	연료탱크 캡이 느슨하게 장착되었거나 캡 자체 불량 진공 호스 균열, 손상, 리크 연료탱크 압력센서 회로의 단선, 단락 또는 센서 자체 불량 차콜 캐니스터 균열 또는 손상됨

2.2 EGR 관련 코드

DTC	P0401: EGR 불충분한 흐름 P0402: EGR 과다 흐름
발생가능원인	DPFE 센서 고장 EGR 막힘 - 과다 카본 퇴적물 EGR 밸브 결함 진공결함에 의한 EGR 밸브 개폐불량

2.3 AIR 관련 코드

DTC	P0410: 2차 AIR 인젝션 시스템 고장 P0412: 2차 AIR 인젝션 시스템 스위칭 밸브 회로 고장
발생가능원인	물이 에어펌프에 고인 경우 또는 펌프 내부에 부식 발생 에어 펌프 퓨즈 단선 컨트롤 회로에서 접지로 단락 컨트롤 회로에서 전원으로 단락 컨트롤 회로 단선

2.4 촉매 컨버터에 관한 코드

DTC	P0420 촉매 시스템 효율 저하
발생가능원인	배기시스템에서 배기가스 누출 HO$_2$ sensor(bank 1 sensor 1, 2) 불량 3원 촉매 컨버터 불량

2.5 점화 시스템에 관한 코드

DTC	P0300 불특정 실린더 실화 검출 P0301 : 실린더 1 실화 검출 P0302 : 실린더 2 실화 검출 P0303 : 실린더 3 실화 검출 P0304 : 실린더 4 실화 검출
발생가능 원인	점화시스템 : 스파크 플러그 및 와이어, 점화코일 등 연료시스템 : 인젝터, 연료압 결함 등 에어 플로우 센서 AFS 결함 기계적인 결함 : 밸브 타이밍, 밸브 간극, 압축압력, PCV 및 PCV 호스결함 컴퓨터/ ECM, ECU 등

2.6 연료시스템에 관한 코드

DTC	P0171 시스템 과다 희박 P0172 시스템 과다 농후
발생가능원인	인젝터 막힘(P0171), 인젝터 누유(P0172) 에어 플로우 센서 / AFS 결함 냉각수온센서 / CTS 결함 연료압력이 지나치게 높거나 낮음 산소센서 불량 PCV 밸브 및 PCV 호스 불량(P0171) 컴퓨터 ECM, ECU 결함

2.7 흡기 매니폴드에 관한 코드 : MAP DTC

DTC	P0107 맵 센서 출력전압 낮음 MAP sensor low voltage P0108 맵 센서 출력전압 높음 MAP sensor high voltage
발생가능원인	맵 센서 결함 맵 센서 오-링 손상 또는 누락 맵 센서 신호 회로의 접지단락 맵 센서 회로 단선

2.8 흡기 시스템에 관한 코드 : MAF mass air flow

DTC	P0100 질량/체적 공기 유량 회로 문제 P0101 흡입 공기 유량 회로 범위 문제 P0102 흡입 공기 유량 회로 출력신호 낮음 P0103 흡입 공기 유량 회로 출력신호 높음
발생가능원인	흡입 공기 유량 회로 단선 또는 단락 MAF 센서 결함 MAF 센서 회로 단선 또는 접지 단락 MAF 센서 회로 단락

보충 핫 와이어 AFS

핫 와이어 공기 유량 센서는 열선 백금선 을 이용하여 흡입되는 공기의 질량 mass 을 인식하고 열선 hot wire 은 온도를 감지할 수 있는 레지스터 서미스터 이다. 핫 와이어 공기 유량 센서는 공기의 질량을 직접 측정하는 것은 아니다. 컴퓨터는 열선이 항상 일정한 온도를 유지 예를 들면 100도 컨트롤 한다.

만약 흡입되는 공기량이 많으면 열선이 냉각될 것이고, 냉각되는 열선의 온도를 유지하기 위해서 컴퓨터는 열선에 더 많은 전류를 흐르도록 제어할 것이다. 결과적으로 핫 와이어의 전류의 변화가 발생하는데 그 변화 정도에 따라 컴퓨터는 흡입 공기량을 파악한다.

냉각의 정도는 공기의 속도, 온도, 습도 그리고 밀도에 의존하며, 이러한 변수를 복합적으로 분석하여 흡입되는 공기의 질량을 파악한다. 정리하면 공기의 흡입량이 많으면, 공기 유량 센서는 냉각되고, 전류는 증가된다. 공기의 흡입량이 적으면 반대의 현상이 발생한다.

E.3. DTC 코드가 없는 배기가스 및 주행 불량 원인분석

— Diagnose the causes of emissions or driveability problems resulting from failure of computerized engine controls with no diagnostic trouble codes(DTCs).

배기가스 검사 결과 불합격되거나 주행 중 가속불량이 발생한 경우, 고장코드를 확인해도 저장된 고장코드가 없는 경우가 있다. 이런 경우에는 논리적이면서 단계적인 핀 포인트 방법이 요구된다. 예를 들면

3.1. TPS 센서

회로 보드 circuit board 의 고정 레지스터 fixed resistor 등에 작은 결함은 전압 신호를 일순간 낮출 수 있다. 특히 엑셀 페달을 밟아 가속을 시도할 때, 결함 있는 TPS는 역으로 낮은 전압신호를 컴퓨터로 전달해 헤지테이션 현상을 유발시킬 수 있다. 비록 주행 성능불량이 발생해도 TPS는 규격 범위 안에서 작동하고 있기 때문에 컴퓨터에 고장코드가 저장되지 않는다. 오실로스코프를 이용하여 TPS의 파형을 검출해 파형불량 이상 유무예, 글리치 glitch 를 확인한다.

3.2. MAP 센서

만약 흡기 매니폴드에 연결된 MAP 센서 호스에 미세한 누설이 발생한다면 MAP 센서 신호 값은 평소보다 약간 더 높게 나올 수 있다. 이 경우 컴퓨터는 엔진 부하가 상승하는 것으로 인식하고 연료 분사량을 증가시킬 것이다. 그 결과 엔진 주행성능에는 별 이상이 없을 수도 있겠으나 배기가스 특히 CO, HC가 상승할 수 있다. 이 경우에도 MAP 센서는 규격 범위 내에서 작동하고 있기 때문에 컴퓨터는 MAP 센서를 고장으로 인식하지 않으며, 고장 코드로 저장되지 않는다.

E.4. 스캔 툴, 디지털 멀티미터, 디지털 오실로 스코프

— Use a scan tool, digital multimeter(DMM), or digital storage oscilloscope(DSO) to inspect or test computerized engine control system sensors, actuators, circuits, and powertrain control module(PCM); determine needed repairs.

대부분 스캔 툴은 양방향 통신 테스트 기능을 가지고 있어 정비사가 직접 액추에이터를 작동할 수 있다. 예를 들면 각 인젝터 작동을 차단함으로서 실시하는 엔진 파워 밸런스 시험 또는 아이들 스피드 액추에이터를 컨트롤하여 아이들 스피드를 시험할 수도 있다.

랩 스코프 lap scope 기능을 지원하는 스캔 툴을 통해서 센서 파형 검사나 또는 EVAP 시스템 테스트도 가능하다.

4.1. TPS 파형

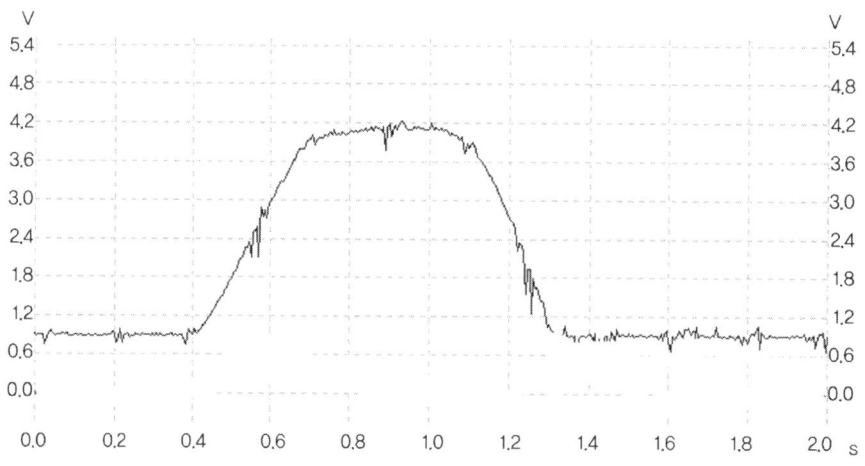

아이들 상태에서는 0.5~1V, WOT Wide-open throttle 에서는 4~5V이여야 한다. 만약 이 구간에서 측정값이 나오지 않는다면 TPS를 교환해야 한다. 만약 TPS 센서에 단락 또는 단선이 있다면 스로틀 밸브가 열리거나 닫히는 구간에서 글리치 glitch 가 나타날 것이다. 보기의 그림에는 노이즈는 보이지만 글리치는 보이지 않는다. 파형에서 보이는 약간의 노이즈는 허용한다.

4.2. O₂ 센서

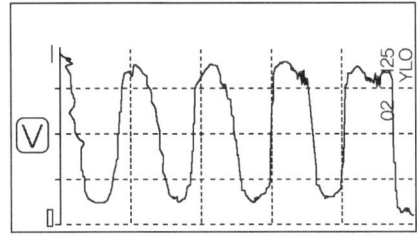

산소센서는 0.2~0.8V 구간 사이에서 주기적으로 파형이 반복해야 한다. 산소센서의 상태가 양호하다면 농후한 구간에서는 약 1.0V 가깝게 나타나야 한다. 적어도 0.8V 이상이어야 한다. 만약 전압이 충분히 이 구간까지 올라가지 못 한다면, 산소 센서를 교체해야 한다. 희박 구간에서는 적어도 0.175V 이하로 낮아야 한다.

만약 점화시스템에 문제가 발생하여 불완전 연소가 발생하면 산소% levels of oxygen 가 커진다. 다른 이유로는 희박한 공연비이거나 점화시기가 지나치게 진각인 경우에도 불완전 연소가 발생한다.

촉매컨버터 전후前後로 산소센서가 장착되는데 촉매컨버터 앞에 장착되는 것을 pre-O₂ 센서라 부르며 촉매컨버터 뒤에 장착되는 산소센서를 post-O₂ 센서라 부른다. post-O₂ 센서를 통해 촉매컨버터의 성능상태를 확인 할 수 있다.

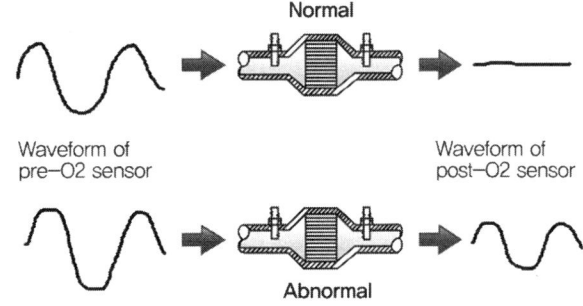

촉매 컨버터의 성능이 불량하면 post O₂ 센서의 파형이 pre-O₂ 센서와 유사하다.

4.3. MAP 센서

아이들 상태에서는 전형적으로 MAP 출력전압이 약 1.0V이다. 스로틀 밸브를 최대로 열었을 때 WOT는 MAP 출력전압은 약 4.5V 정도이다. 정확한 규격은 각 제조사 정비 매뉴얼을 준한다.

엔진 부하	MAP 출력전압	흡기 매니폴드 진공
아이들 idle	1.0V	17~21in.Hg
WOT	4.5V	거의 0in.Hg(거의 대기압 수준)

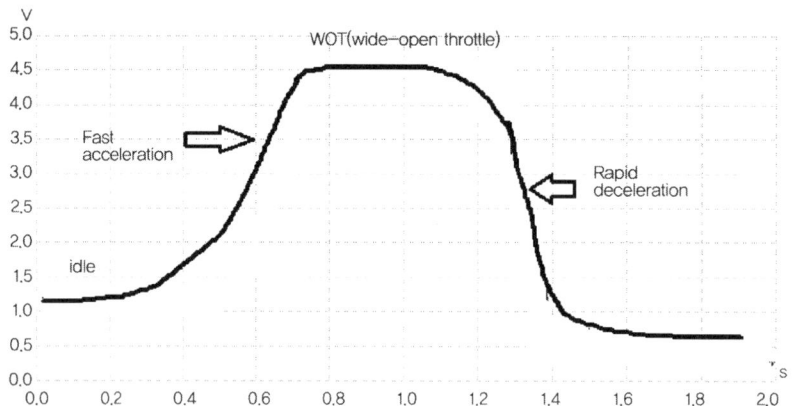

E.5. DMM을 사용한 전압, 전압강하, 전류 및 저항 측정 및 분석

― Measure and interpret voltage, voltage drop, amperage, and resistance using digital multimeter(DMM) readings.

- **전압 테스트** : 각 센서나 액추에이터에서의 입력 또는 출력전압을 확인할 수 있다.
- **전류 테스트** : 시스템 구성품 예, 스타터 모터, 알터네이터 등 의 소모 또는 충전 전류를 측정할 수 있다.
- **저항 테스트** : 센서, 액추에이터 등의 저항측정을 통해 단선, 단락 또는 내부 저항 등을 확인할 수 있다.
- **전압강하** voltage drop : 전원이 공급된 회로 closed circuit 에서 전선의 저항이나 접촉저항 스위치 또는 커넥터 터미널 등 원치 않는 저항구간 예, 커넥터 접촉 불량, 스위치 불량 등 에 의해서 전압이 소비되는 것을 말한다. 전압강하가 지나치게 높으면 회로 내에 이상 접촉 불량을 있음을 암시한다.

E.6. 회로의 전원공급 회모 및 접지 회로

― Test, remove, inspect, clean, service, and repair or replace power and ground distribution circuits and connections.

와이어에 손상이 발생하고 피복이 벗겨져 와이어가 직접 차체에 닿아 접지불량을 발생하는 경우를 접지 단락 short to ground 라 한다. 액추에이터까지 전원이 오지 않거나 약하게 온다면 회로 내 접지단락이 발생했는지 점검이 필요하다.

그 외에도 차체접지에 부식 corrosion 이나 녹 rust 이 발생하거나 기타 충격에 의한 접지상태가 느슨하면 센서나 액추에이터의 작동이 불량할 수 있다.

E.7. 정전기에 민감한 전자 장치와 PCM 교체 시 주의사항

― Practice recommended precautions when handling static sensitive devices and/or replacing the PCM(powertrain control module).

정전기에 예민한 부품포장에는 ESD electrostatic discharge sensitive 라벨표시가 부착되어 있다. 취급 부주의에 의해 정전기가 발생하면 이런 부품에 유해할 수 있음을 경고한다. 따라서 일부 제조사들은 ECU, ABS 컨트롤 모듈 같은 정전기에 민감한 부품 취급 시 정전기 예방 키트 static protection kit 를 사용할 것을 권장한다. 정전기 예방 키트 구성품은 손목밴드, 작업매트, 손목밴드와 작업매트를 연결하는 접지선으로 구성되어 있다.

PCM과 관련 부품에 손상을 방지하기 위해서 다음의 주의사항은 반드시 지켜져야 한다.

❶ 서비스 매뉴얼에 지침이 없으면 어떠한 컨트롤 모듈에도 전압이나 접지 ground 를 가하지 않는다.

❷ PCM 관련 전기회로를 테스트할 때에는 하이 임피던스 멀티미터 10MΩ 이상 를 사용한다.

❸ 매뉴얼에 특별 지시사항이 없으면 테스트 라이트를 PCM에 절대 사용하지 않는다.

❹ PCM, 센서, 액추에이터, 퓨즈, 배터리 터미널을 연결하거나 분리할 때 점화 스위치가 반드시 OFF되어 있어야 한다.

❺ 컴퓨터 컨트롤 회로의 접지 회로에 어떠한 전기 액세서리도 연결하지 않는다.

E.8. 타 관련 시스템의 상호작용에 의한 주행성 문제 및 배기가스 불량에 대한 고장진단

― Diagnose driveability and emissions problems resulting from failures of interrelated systems(such as: cruise control, security alarms/theft deterrent, torque controls, traction controls, torque management, A/C, non-OEM installed accessories).

최근 자동차는 멀티 기능을 가진 다양한 종류의 컨트롤 모듈을 장착하고 있다. 이들 컨트롤 모듈은 상호 통신 기능을 가진다. 예를 들면 엔진 컨트롤 모듈, 트랜스미션 컨트롤 모듈, ABS 컨트롤 모듈 등 각각 별도의 컴퓨터들은 데이터 링크를 통하여 내부적으로 상호 연결되어있다. 만약 데이터 링크가 불량하면, 입력신호를 필요로 하는 컴퓨터가 수신하지 못하는 경우가 발생할 수 있다. 예를 들면 냉각수온센서는 PCM 뿐만 아니라 토크 컨버터 클러치 작동을 위해서 TCM에도 매우 중요한 센서이다. 만약 데이터 링크가 불량하여 냉각수온센서의 입력신호가 PCM에만 전달되고, TCM에 전달되지 않으면 TCC 작동에 불량해 질 것이다.

8.1 토크컨버터 크러치 Torque converter clutch

PCM은 변속기의 다양한 센서로부터 입력신호를 받아 토크 컨버터 클러치는 언제 작동하고 해제할 지를 결정한다.

❶ **냉각 수온 센서** CTS : 냉각 수온 센서는 엔진이 정상작동온도에 도달하기 전까지 PCM은 토크 컨버터 클러치 적용을 억제하게끔 시킨다. 만약 엔진온도가 너무 높게 되면, 컨버터를 락-업 연결시켜 슬립을 멈추게 하고 엔진을 냉각시킴으로서 변속기를 과열로부터 보호한다.

❷ **차속센서** VSS : 컨버터 클러치를 적용할 만큼 자동차 빠르게 주행할 때인지를 결정하기 위해서 PCM은 이 신호를 사용한다.

❸ **스로틀 포지션 센서** TPS : PCM은 TPS 센서를 통하여 TCC가 적용할 수 있는 시기인지를 알 수 있다.

❹ **변속기 유온 센서** transmission fluid temperature sensor : 냉간 및 열간 변속기 작용에 관해 시프트 포인트를 수정하는데 사용된다. 냉간 시에는 시프트는 지연되거나 또는 변속되지 않을 수 있다. 오버히트 조건이 발생 시에는 토크 컨버터는 락-업되어 토크 컨버터의 과열됨을 방지한다.

8.2 Cruise control system

크루즈 컨트롤 시스템은 운전자가 계속 엑셀페달을 밟지 않아도 원하는 속도 적어도 50km/h 이상의 구간에서를 설정하면 그 속도로 계속 자동차가 주행할 수 있게 해 주는 시스템이다. 대부분 크루즈 컨트롤 시스템은 자동차의 멀티플레싱 네트워크 multiplexing network 에 연결되어 있다.

주행 중 과부하나 경사면을 주행하거나 브레이크 페달을 밟는 경우에 크루즈 컨트롤을 바로 해제된다.

전자식 스로틀 컨트롤을 장착한 자동차는 크루즈 컨트롤 모듈, 스텝 모터, 엔진 스피드를 조정하는 케이블이 불필요하고 대신 PCM이 크루즈 컨트롤 시스템의 작동을 통제한다. 크루즈 컨트롤 시스템의 입력신호에는 차속 센서 VSS ; vehicle speed sensor, 브레이크 릴리즈 스위치, 스피드미터 speedometer, 제너레이터 스피드 센서, 스티어링 휠에 장착된 스위치 레버 등이 있다.

8.3. Theft deterrent system

도난방지 시스템이 장착된 자동차에서 PCM이나 도난방지시스템 컴퓨터를 교환한 경우, 컴퓨터 초기화 re-learn procedures 를 실행시켜 주어야 정상적인 엔진작동이 이루어질 수 있다. 이모빌라이제이션 시스템은 작동개시 조건들이다.

❶ 리모트 키에 있는 락 버튼을 누름
❷ 도어를 도어 키로 손으로 직접 잠금
❸ 일정한 시간 경과 후 엔진이 멈춘 후 15초 후

리모트 컨트롤 키 - 언 락 unlock 버튼을 누름으로서 이모빌라이제이션 시스템은 해제된다.

> **참고** 도난 방지 시스템의 구성부품

구성부품	설 명
스위치	도난 방지 시스템 스위치는 각 도어, 후드, 트렁크, 연료 주입구에 위치한다.
센서	도난방지시스템 컴퓨터는 다양한 센서로부터 입력 정보를 받는다. 진동센서는 차체의 비정상적인 동작을 탐지한다. 예를 들면 리프트, 잭킹, 견인 초음파 센서들은 객실 내부에서의 어떤 동작을 탐지한다. 전압 모니터링 하는 센서 VMS, voltage monitoring sensor 들은 스타트 모터, 점화시스템 또는 연료펌프의 작동을 체크한다.
액추에이터	전자도어 및 윈도우 잠금장치 door lock, 스타트 모터 릴레이, PCM, 트랜스미션 시프트 솔레노이드, 경보장치 등이다.

E.9. 점화시기 고장으로 인한 배기가스/주행성능 불량

― Diagnose the causes of emissions or driveability problems resulting from computerized spark timing controls; determine needed repairs.

점화 시스템에 문제가 발생하면, 이를 인식한 컴퓨터는 엔진조건 상태에 따른 점화시기를 조정하지 않고 기본 점화시기 base ignition timing 로 전환하고 이로 인해 엔진의 최적의 조건으로 작동하지 못해 출력부족의 결과를 초래할 수 있다.

센서의 결함으로 잘못된 입력신호가 컴퓨터에 전달될 경우 부적절한 점화시기가 이루어지고 결과적으로 유해 배기가스 발생률이 급증할 것이다. 예를 들면, 냉각수온센서가 고장 나면 엔진은 농후한 공연비와 점화시기를 진각시켜 연비악화와 유해 배기가스의 증가를 초래할 것이다.

점화 타이밍이 부정확하면 불완전 연소에 의한 미연소 연료가스가 배출되면서 과다한 HC 또는 O_2가 생성될 것이다. HC는 촉매 컨버터를 통해 H_2O나 CO_2로 산화하므로 엔진 시스템에 피드백 feed back 하지는 않는다. 반면에 과다한 산소를 감지한 산소센서는 낮은 신호 전압을 컴퓨터에 전달함으로서 희박 연료비로 인식하여 컴퓨터는 농후한 연료비로 조정하려 시도할 것이다.

냉간 엔진에서는 점화시기를 진각 advanced timing 이고, 오버히팅을 감지하면 컴퓨터는 점화시기를 지각 retarded timing 시킨다. 또한 컴퓨터가 데토네이션 detonation 및 노크를 감지하면 점화시기를 지각 retard 시킨다. 데토네이션이 발생했음에도 불구하고 점화 컨트롤 모듈의 결함으로 점화시기를 지각시키지 못하면 NOx의 발생률이 급증할 수 있다.

E.10. DTC 확인 검증

— Verify the repair, and clear diagnostic trouble codes(DTCs).

DTC 코드를 확인, 검출한 후 스캔 툴을 이용하여 DTC를 제거한다. 배터리 케이블 (-)을 30초 이상 분리하여 고장코드를 지울 수도 있지만, 스캔 툴에 의한 방법을 원칙으로 한다. 모든 작업이 완료된 후 주행검사를 실시하여 다시 OBD II 고장 경고등 MIL 이 점등되는지 확인한다.

True or False Review Questions

01 P0301에서 3은 아이들 스피드 컨트롤을 의미한다.

> **False** P0301에서 3은 점화시스템을 의미한다. DTC P0301은 1번 실린더 실화를 의미한다.

02 소프트 코드는 간헐적으로 불량을 유발시키는 고장코드를 의미한다.

> **True** 간헐적으로 불량을 유발시키는 고장코드를 소프트 코드라 부른다.
> 테스트 시점에는 존재하지 않지만 과거 어느 시점에 고장코드가 있었음을 의미한다.

03 P0171 시스템 과다 희박 bank 1 이 검출되었다면 다운 스트림 산소센서도 발생 가능이 될 수 있다.

> **False** 다운 스트림 산소센서는 촉매 컨버터 성능과 관련이 있다. 업 스트림 산소센서가 P0171의 발생 가능원인이 될 수 있다.

04 핫 와이어 공기 유량 센서는 흡입 공기의 질량을 직접 측정한다.

> **False** 핫 와이어 공기 유량 센서는 공기의 질량을 직접 측정하지 않고 흡입 공기량에 따른 핫 와이어의 전류 변화 정도를 파악하여 흡입 공기량을 파악한다.

05 TPS의 레지스터 결함에 의해 TPS 출력전압이 조금 규격을 벗어나 반드시 컴퓨터에 DTC가 저장된다.

> **False** TPS 레지스터 결함에 의한 출력 전압 불량이 발생해도 TPS 출력전압 규격 내에 존재한다면 컴퓨터에 DTC 코드로 저장되지는 않는다.

06 PCM은 Pre-O_2 센서의 출력전압을 통해 촉매 컨버터의 성능을 모니터링 한다.

> **False** PCM은 Post O_2 센서의 출력전압을 통해 촉매 컨버터의 성능을 모니터링 한다. Pre-O_2 센서는 엔진공연비 모니터링에 관련한다.

07 ESD 라벨 표시가 부착되어 있는 ECU를 취급할 때는 정전기 예방 static protection kit 키트를 사용해야 한다.

> **True** 정전기에 의해 부품에 유해가 발생할 수 있음을 알려주는 ESD electrostatic discharge 라벨 표시가 부착되어 있는 부품 취급 시에는 정전기 예방 키트를 사용한다.

08 엔진이 오버 히트하면 토크 컨버터는 락-업 lock up 을 연결시켜 엔진을 냉각시킨다.

> True 냉각 수온 센서는 엔진이 정상작동온도에 도달하기 전까지 PCM은 토크 컨버터 클러치 적용을 억제하게끔 시킨다. 그러나 엔진온도가 너무 높게 되면, 컨버터를 락-업시켜 슬립을 멈추게 하여 엔진을 냉각시키고 변속기를 과열로부터 보호한다.

09 냉각 수온 센서가 고장 나면 CO, HC 배기가스가 증가할 수 있다.

> True 냉각수온센서가 고장 나면 엔진은 농후한 공연비와 점화시기를 진각 시켜 연비 악화와 CO, HC 배기가스의 증가를 초래할 것이다.

10 점화시기가 지나치게 진각이면 데토네이션와 함께 NOx 발생이 급증할 수 있다.

> True 컴퓨터가 데토네이션 및 노크를 감지하면 점화시기를 지각 시킨다. 데토네이션이 발생했음에도 불구하고 점화 컨트롤 모듈의 결함으로 점화시기를 지각시키지 못하면 NOx의 발생률이 급증할 수 있다.

UNIT 2 테스트 사양 및 작업 목록 **179**

ASE Style Question

01. Technician A says that if an exhaust manifold is cracked, O_2 sensor send the signal of lean fuel condition to the PCM.

Technician B says that the PCM will try to increase the injection pulse. Who is right?

(A) A only   (B) B only   (C) Both A and B   (D) Neither A nor B

번역 정비사 A : 만약 배기 매니폴드에 균열이 생겼다면, 산소센서는 PCM에 희박 연료 상태의 신호를 보낸다.
정비사 B : PCM은 인젝션 펄스를 증가시키려고 시도할 것이다. 누가 맞는가?
(A) A만   (B) B만   (C) A와 B 모두   (D) 둘 다 아니다.

> 배기 매니폴드 균열을 통해 다량의 공기가 유입되면 산소센서는 낮은 전압신호를 보낼 것이고 산소센서의 낮은 전압신호를 받은 PCM은 공연비가 희박상태로 인식하여 인젝터 펄스의 증가를 시도할 것이다. 정비사 A, B 모두 맞다.
>
> **정답** C

단어 is cracked 균열이 생긴

02.

Technician A says that if an engine is getting to overheat, the internal resistance of CTS will decrease and it sends low voltage signal to PCM.

Technician B says that PCM received this signal will try to increase injector pulse. Who is right?

(A) A only (B) B only (C) Both A and B (D) Neither A nor B

> **번역** 정비사 A : 엔진이 오버히트하게 되면 냉각수온센서의 내부 저항이 감소할 것이며 낮은 전압신호를 PCM에 보낼 것이다.
> 정비사 B : 이 신호를 받은 PCM은 인젝터 펄스를 증가시키려 시도할 것이다. 누가 맞는가?
> (A) A만 (B) B만 (C) A와 B 모두 (D) 둘 다 아니다.

> 엔진이 오버히트하게 되면 냉각 수온센서의 내부저항은 증가하고 낮은 전압 신호를 PCM에 보낼 것이다. 정비사 A는 틀리다. 만약 PCM이 낮은 전압신호를 받으면 인젝터 분사시간을 감소시키려 할 것이다. 정비사 B도 틀리다.
>
> **정답** D

03.

Technician A says that if a knock sensor signals a detonation condition, the PCM will control to retard ignition timing.

Technician B says that detonation is normally caused by low octane fuel or engine overheat. Who is right?

(A) A only (B) B only (C) Both A and B (D) Neither A nor B

> **번역** 정비사 A : 만약 노크 센서가 데토네이션 신호를 보내면, PCM은 점화시기를 지연시키려 할 것이다.
> 정비사 B : 스파크 노크는 일반적으로 저 옥탄가 연료나 엔진 과열에 의해 발생한다. 누가 맞는가?
> (A) A만 (B) B만 (C) A와 B 모두 (D) 둘 다 아니다.

> 만약 엔진에서 데토네이션이 발생하면 노크센서는 전압신호를 보내고, 이를 감지한 PCM은 점화시기를 지연시키려 할 것이다. 데토네이션은 일반적으로 저 옥탄 연료나 엔진과열에 의해 발생할 수 있다. 정비사 A, B 모두 맞다.
>
> **정답** C

04. When discussing a Type A misfire monitoring,

Technician A says that a Type A misfire could cause immediate catalytic converter damage.

Technician B says that the PCM may shut off the fuel to misfiring cylinder to limit catalytic converter heat. Who is right?

(A) A only　　　(B) B only　　　(C) Both A and B　(D) Neither A nor B

> 번역　A 타입의 실화 모니터에 대해 논의 중
> 정비사 A : A 타입의 실화는 즉시 촉매 컨버터를 손상시킬 수 있다.
> 정비사 B : PCM은 촉매 컨버터 과열을 제한시키지 위해서 실화하는 있는 실린더에 연료를 차단할 수도 있다. 누가 맞는가?
> 　(A) A만　　　(B) B만　　　(C) A와 B 모두　　　(D) 둘 다 아니다.
>
> PCM이 200rpm 이상의 구간에서 모니터링 하는 동안 실화가 2~20rpm 이상 발생한 경우. 이를 A 타입 실화라 한다. A 타입 실화는 촉매 컨버터를 손상시킬 수 있다. 따라서 PCM은 실화하는 있는 실린더에 연료를 차단하여 촉매 컨버터의 손상을 예방한다. 정비사 A, B 모두 맞다.
>
> 정답 C

단어　**internal** 내부의 / **received** 받은 / **retard** 지연시키다 / **immediate** 즉시

05.

Technician A says that the fuel system monitor checks short-term fuel trim(STFT) and long term fuel trim(LTFT) while the PCM is operating in open and closed loop.

Technician B says that a short-term adaptive value of 1.25 means that the pulse width of the injector was lengthened by 25%. Who is right?

(A) A only (B) B only (C) Both A and B (D) Neither A nor B

> **번역** 정비사 A : PCM이 오픈 루프 open loop 와 클로즈 루프 closed loop 에서 작동하는 동안 연료시스템은 단기 연료 트림 STFT 와 장기 연료 트림 LTFT 은 체크한다.
> 정비사 B : 1.25의 단기 조정 값은 인젝터의 펄스폭이 25%까지 늘림을 의미한다. 누가 맞는가?
> (A) A만 (B) B만 (C) A와 B 모두 (D) 둘 다 아니다.
>
> 단기 연료 트림과 장기 연료 트림은 오픈 루프에서는 작동하지 않고 클로즈 루프에서만 작동한다. 정비사 A는 틀리다. 1.25의 단기 조정 값의 의미는 인젝터 분사 시간이 25%까지 증가시켰음을 의미하며 PCM은 희박한 공연비를 농후한 공연비로 조정하고 있음을 암시한다. 정비사 B는 맞다.
>
> **정답** B

06.

Technician A says that it is normal that the voltage frequency increase on the downstream HO_2S.

Technician B says that when the downstream HO_2S sensors voltage signals reach a certain frequency, the MIL is illuminated. Who is right?

(A) A only (B) B only (C) Both A and B (D) Neither A nor B

> **번역** 정비사 A : 다운 스트림 산소센서에서 전압 주파수가 증가하는 것을 정상이다.
> 정비사 B : 다운 스트림 산소센서 전압 신호는 어떤 주파수에 도달하면 고장 경고등이 점등된다. 누가 맞는가?
> (A) A만 (B) B만 (C) A와 B 모두 (D) 둘 다 아니다.
>
> 다운 스트림 산소센서의 전압신호를 통하여 PCM은 촉매 컨버터의 성능여부를 판단한다. 만약 촉매 컨버터의 성능이 양호하다면 일반적으로 다운 스트림 산소센서에서 전압 주파수는 균일하다. 다운 스트림 산소센서 전압 신호는 어떤 주파수에 도달하면 고장코드가 PCM 메모리에 저장되고 만약 결함이 3회의 드라이브 사이클에서 발생하면 고장 경고등이 점등된다. 정비사 A, B 모두 틀리다.
>
> **정답** D

07. Technician A says that most intermittent problems are caused by faulty electrical connections or wiring.

Technician B says to wiggle the wire harness to fine the electrical problem after a digital multimeter is connected to the suspected circuit. Who is right?

(A) A only (B) B only (C) Both A and B (D) Neither A nor B

> **번역** 정비사 A : 대부분 간헐적인 문제는 결함 있는 전기 커넥터 또는 와이어에 의해 발생한다.
> 정비사 B : 전기 문제를 찾기 위해 의심 가는 회로에 디지털 멀티미터를 연결한 후 와이어 하니스를 흔들어 보라고 말한다. 누가 맞는가?
> (A) A만   (B) B만   (C) A와 B 모두   (D) 둘 다 아니다.
>
> 전기 커넥터 또는 와이어의 연결 접촉 상태가 불량하면 간헐적인 엔진성능 저하를 초래할 수 있다. 의심 가는 회로에 멀티미터를 연결한 후 와이어 하니스를 흔들어서 전압강하의 변화량을 점검함으로서 회로의 접속 상태를 확인해 볼 수 있다. 정비사 A, B 모두 맞다.
>
> **정답** C

단어 **lengthened** 늘리다 / **is illuminated** 점등된다 / **intermittent** 간헐적인

08. Technician A says that a voltage drop test is a quick way of checking the condition of any wire.

Technician B says that poor grounds can allow noise to be present on the reference voltage signal. Who is right?

(A) A only (B) B only (C) Both A and B (D) Neither A nor B

> 번역 정비사 A : 전압 강하는 어떤 와이어 배선 의 상태를 신속하게 점거할 수 있는 방법이다.
> 정비사 B : 접지 불량은 레퍼런스 전압 신호 보통 5V 입력 신호 에 노이즈가 있게 허용한다. 즉, 노이즈를 발생시킬 수 있다 누가 맞는가?
> (A) A만 (B) B만 (C) A와 B 모두 (D) 둘 다 아니다.

전압 강하는 와이어의 저항, 스위치 불량, 커넥터 터미널 접촉 불량에 의해서 전압이 불필요하게 소모되는 것을 말한다. 전압강하가 지나치게 높으면 회로 내에 이상 접촉 불량을 있음을 암시한다. 한편 접지상태가 불량하면 레퍼런스 전압에 노이즈를 초래할 수 있다.

정답 C

09. Which of the following is the LEAST likely cause for misfire monitor failure on an OBD-II system?

(A) restricted fuel filter
(B) defective fuel injector
(C) faulty secondary ignition circuit
(D) defective downstream oxygen sensor

> 번역 OBD-II 시스템에서 실화 모니터 실패 즉 실화 발생 의 가장 가능성 적은 원인은 어느 것인가?
> (A) 부분적으로 막힌 연료 필터 (B) 결함 있는 연료 인젝터
> (C) 결함 있는 2차 점화 회로 (D) 결함 있는 다운 스트림 산소 센서

연료필터 막힘, 인젝터 결함, 1차 및 2차 점화 회로 결함 등은 실화 발생 원인들이다. 반면에 PCM은 다운 스트림 산소센서를 통하여 촉매 컨버터 이상 유무를 확인한다. 따라서 다운 스트림 산소센서는 실화 발생 모니터보다는 촉매 컨버터 모니터에 관련이 있다.

정답 D

10. At a six cylinder port injection engine, a scan tool detects a DTC P0172 system too rich(bank 1). Which of the following is the LEAST likely cause?

(A) high fuel pressure

(B) faulty MAP sensor

(C) defective CTS(coolant temperature sensor)

(D) a restricted fuel filter

> 번역 6 실린더 포트 인젝션 엔진에서, 스캔 툴은 DTC P0172 시스템 과다 농후(뱅크 1)를 검출한다. 가장 가능성 적은 원인은 어느 것인가?
> (A) 높은 연료압력 (B) 고장 난 MAP 센서
> (C) 결함 있는 냉각수온센서 (D) 부분적으로 막힌 연료 필터
>
> P0172 시스템 과다 농후(뱅크 1) 발생 원인으로 높은 연료압력, MAP 센서 결함, 냉각수온센서 결함 등이 있다. 반면에 연료 필터 막힘 불량은 희박한 공연비와 관련이 있다.
>
> 정답 D

단어 **to be present** 있게 하는 / **restricted** 막힌 / **detect** 검출하다

11. A V6 fuel-injected engine has a severe surging problem only at speeds above 50 mph. (80km/h). Engine operation is normal at idle and low speed.
Technician A says that the partially open EGR valve can the possible cause.
Technician B says that fuel injectors can be contaminated and clogged. Who is right?

(A) A only　　　　(B) B only　　　　(C) Both A and B　　(D) Neither A nor B

> **번역** V6 연료 인젝션 엔진은 50mph(80km/h) 이상에서 심각한 서지 현상이 발생한다. 공회전과 저속에서 엔진 작동은 양호하다.
> 정비사 A : 부분적으로 열려 있는 EGR 밸브가 가능 원인이 될 수 있다.
> 정비사 B : 연료 인젝터가 오염되어 부분적으로 막혀있을 수 있다. 누가 맞는가?
>
> 주행 시 가속 페달을 일정하게 밟고 있지만 주행 속도가 일정하지 않고 상하로 불안정하게 변화하는 증상을 서지surge 라 부른다. EGR 밸브가 부분적으로 열려져 있다면 고속 주행할 때 서지 현상이 발생할 수 있다. 그러면 공회전 및 저속에서도 불안정해야 하는데 문제에서 양호하다고 했으므로 발생 가능 원인에서 제외된다. 정비사 A는 틀리다. 만약 V6 엔진에서 일부 인젝터가 오염되어 부분적으로 막혀 있다면 공회전 또는 저속 시에는 엔진 성능이 양호하게 나타날 수 있지만, 고속 주행 시에는 연료 분사량에 제한을 받으므로 서지 현상이 발생할 수 있다. 정비사 B는 맞다.
>
> **정답** B

12. Technician A says if the O_2 exhaust readings is over 2%, a lean air fuel mixture can be called.
Technician B says that low fuel pump pressure can be possible cause. Who is right?

(A) A only　　　　(B) B only　　　　(C) Both A and B　　(D) Neither A nor B

> **번역** 정비사 A : 배기가스에서 산소 측정값이 2%를 넘으면, 희박한 공연비라 부를 수 있다.
> 정비사 B : 낮은 연료펌프 압력은 가능 원인이 될 수 있다. 누가 맞는가?
> (A) A만　　　(B) B만　　　(C) A와 B 모두　　(D) 둘 다 아니다.
>
> 배기가스에서 CO는 농후한 공연비를 O_2는 희박한 공연비를 암시하는 단서이다. 엔진이 양호하면 산소 측정값은 보통 1%이지만 2%를 초과하면 희박한 공연비로 판단한다. 희박한 공연비를 발생하는 원인으로는 낮은 연료펌프 압력, 산소 센서 결함, 인젝터 결함 등이 있다. 정비사 A, B 모두 맞다.
>
> **정답** C

13. Technician A says a slowly cranking engine is usually due to an open circuit in the cranking circuit.

Technician B says a no crank condition is usually due to low battery voltage. Who is right?

(A) A only　　　　(B) B only　　　　(C) Both A and B　(D) Neither A nor B

> **번역** 정비사 A : 느리게 크랭킹 하는 엔진은 보통 크랭킹 회로에서 개방 회로 때문이다.
> 　　　정비사 B : 노-크랭킹은 보통 낮은 배터리 전압 때문이다. 누가 맞는가?
> 　　　(A) A만　　　(B) B만　　　(C) A와 B 모두　　　(D) 둘 다 아니다.
>
> > 스타터 모터가 작동하지만 엔진이 느리게 크랭킹 하는 경우에는 보통 배터리 성능이 저하되었거나 방전 등에 의한 낮은 배터리 전압 때문이다. 반면에 엔진에서 전혀 크랭킹이 되지 않는다면 개방된 크랭킹 회로가 가장 큰 원인이 된다. 정비사 A, B 서로 반대로 설명하고 있다.
> >
> > **정답** D

단어 **severe** 심각한 / **O₂ exhaust reading** 배기가스에서 산소 측정값 / **open circuit** 개방 회로 / **due to** 때문에

14. While diagnosing hesitation during acceleration,
Technician A says that a vacuum hose of MAP sensor may be damaged.
Technician B says that an short in throttle position sensor(TPS) can result in hesitation. Who is right?

(A) A only (B) B only (C) Both A and B (D) Neither A nor B

> **번역** 가속 시 헤지테이션에 대해 진단하는 중,
> 정비사 A : MAP 센서의 진공 호스가 손상되어 있을 수 있다.
> 정비사 B : 스로틀 포지션 센서에서 단락이 헤지테이션의 결과를 초래할 수 있다. 누가 맞는가?
> (A) A만   (B) B만   (C) A와 B 모두   (D) 둘 다 아니다.
>
> 헤지테이션 현상은 엑셀 페달을 밟았을 때 신속하게 가속이 이루어지지 않고 주춤했다가 가속되는 증상을 말한다. 주로 발생 가능 원인으로 스로틀 포지션 센서의 결함, 스로틀 플레이트 오염, MAP 센서 결함, MAP 센서 진공 호스 파손, 점화 시스템 결함 등이 있다. 정비사 A, B 모두 맞다.
>
> **정답** C

15. Which sensor is to signal a misfire in the misfire monitoring system?

(A) a knock sensor
(B) a crank position sensor(CKP)
(C) a airflow sensor(AFS)
(D) a coolant temperature sensor(CTS)

> **번역** 실화 모니터링 시스템에서 실화를 감지하여 신호를 보내는 센서는 어느 것인가?
> (A) 노크 센서   (B) 크랭크 포지션 센서
> (C) 에어 플로우 센서 (D) 냉각 수온 센서
>
> 실화 모니터링 시스템은 크랭크 포지션 센서의 신호를 이용하여 실화 발생 여부를 관찰한다. 반면에 만약 공기 유량 센서와 냉각 수온 센서에 결함이 발생하면 실화를 초래시킬 수 있는 센서이다.
>
> **정답** B

16.

A fuel-injected engine shows a stall problem as soon as the accelerator is depressed.

What is the LEAST likely cause of the stall problem?

(A) faulty coolant temperature sensor

(B) a defective throttle position sensor

(C) a low fuel pump pressure

(D) a excessively worn spark plug

번역 어떤 연료 인젝션 엔진이 엑셀 페달을 밟으면 즉시 엔진이 꺼지는 스톨 문제를 보이고 있다. 가장 가능성 적은 원인은 무엇인가?

(A) 결함 있는 냉각 수온 센서 (B) 결함 있는 스로틀 포지션 센서
(C) 낮은 연료펌프 압력 (D) 지나치게 마모된 스파크 플러그

엑셀 페달을 밟으면 바로 시동이 꺼지는 스톨 현상의 가능 원인으로는 스로틀 포지션 센서, 연료펌프, 스파크 플러그 등이 있다. 반면에 냉각 수온 센서는 아이들 불안정, 공연비 악화 등의 발생 원인에 해당한다.

증 상	가능 원인	점검 또는 수리
엑셀 페달을 밟으면 스톨 발생	관련 센서 결함	스로틀 포지션 센서 점검
		에어 플로우 센서 점검
	연료 시스템 결함	연료 라인(낮은 연료펌프 압력)
		인젝터 교환
		연료 압력 레귤레이터 점검
	점화 시스템 결함	스파크 플러그 마모 상태
	ECU 결함	ECU 커넥터 체결 상태

정답 A

단어 hesitation 지연되는 가속되는 현상 / signal 신호를 보내는 / as soon as ~ 즉시

17. What memory in the computer is used for storing codes and temporary information?

   (A) ROM   (B) PROM   (C) EEPROM   (D) RAM

> **번역** 컴퓨터에서 고장 코드와 일시적인 정보를 저장하기 위해서 어느 메모리가 사용되는가?
>
>   (A) ROM   (B) PROM   (C) EEPROM   (D) RAM

> 롬 ROM, Read Only Memory 은 오직 정보를 읽을 수만 있고 정보를 저장 시킬 수 없는 메모리이다. 전원이 끊어져도 정보가 없어지지 않는 메모리 장치이다. 프롬 PROM, Programmable Read Only Memory 프로그램화 하기 위하여 특별한 장치를 사용하지 않는 한 기록할 수 없는 메모리 장치이다. 롬과 프롬은 컴퓨터의 파워 트레인 powertrain 제어 프로그램을 저장하는데 사용된다. 대규모의 정보를 저장하기 위하여 EEPROM electrically erasable PROM 이 컴퓨터에 장착되어 있다. 램 RAM, Random Access Memory 은 엔진 작동 중에 계속 변화하는 센서, 스위치, 액추에이터 등의 일시적인 정보를 저장하는데 사용된다. 휘발성 램 volatile RAM 은 점화 스위치를 끄면 정보가 지워진다. 반면에 비휘발성 램 nonvolatile RAM 은 배터리 전원이 분리된 경우에만 정보가 지워진다.
>
> **정답** D

18. Which sensor is used by the fuel system monitor to make fuel trim calculation?

   (A) Upstream HO$_2$S 11
   (B) Upstream HO$_2$S 12
   (C) Upstream HO$_2$S 11/12
   (D) Downstream HO$_2$S 12/22

> **번역** 연료 트림 계산을 하기 위하여 연료 시스템 모니터에 의해 사용되는 센서는 어느 것인가?
>
>   (A) 업스트림 HO$_2$S 11
>   (B) 업스트림 HO$_2$S 21
>   (C) 업스트림 HO$_2$S 11/12
>   (D) 다운스트림 HO$_2$S 12/22

> 연료 모니터 트림에는 STFT와 LTFT가 있으며 연료 트림을 제어하기 위하여 업스트림 산소센서의 신호를 이용한다. 업스트림 산소센서의 신호는 연료 트림 제어에 사용되고, 다운 스트림 산소센서의 신호는 촉매 컨버터 효율을 모니터하는데 사용된다.
>
> > **참고**
> >
> > Upstream HO$_2$S 11 : Bank 1의 업스트림 산소 센서
> > Upstream HO$_2$S 21 : Bank 2의 업스트림 산소 센서
> > Downstream HO$_2$S 12 : Bank 1의 다운 스트림 산소 센서
> > Downstream HO$_2$S 22 : Bank 2의 다운 스트림 산소 센서
>
> **정답** C

19.
A port injected engine has DTC : P0172 System too rich(bank 1). This could be caused by _____.

(A) Low fuel pressure
(B) A restricted fuel filter
(C) A defective MAP sensor
(D) A clogged injector

> **번역** 포트 인젝션 엔진이 D0171 시스템 과다 농후: 고장 코드를 가진다. 이것은 _____에 의해 발생할 수 있다.
> (A) 낮은 연료 압력
> (B) 연료 필터 부분 막힘
> (C) 결함 있는 MAP 센서
> (D) 막힌 인젝터
>
> 낮은 연료 압료 필터 부분 막힘 등은 공연비 희박의 발생 가능 원인이다.
>
> **정답** C

20.
A V6 engine shows DTC : P0420 Catalyst system efficiency below threshold. This could be caused by the following EXCEPT _____.

(A) a leaking exhaust system
(B) a defective upstream HO_2 sensor
(C) a defective downstream HO_2 sensor
(D) a melted three way catalytic converter

> **번역** V6 엔진이 고장 코드 : DTC P0420 촉매 시스템 효율 저하를 나타낸다. 이 고장코드는 다음의 보기들에 의해 발생할 수 있다. 단 _____ 제외이다.
> (A) 배기시스템에서 배기가스 누설
> (B) 결함 있는 업스트림 산소 센서
> (C) 결함 있는 다운스트림 산소 센서
> (D) 녹아 버린 3원 촉매 컨버터
>
> 컴퓨터는 업스트림 산소 센서 신호를 이용하여 연료 트림을 제어하고 다운스트림 산소센서의 신호를 이용하여 촉매 시스템 효율성을 파악한다. 그 외 발생 가능 원인은 다음과 같다.
>
> | DTC | P0420 촉매 시스템 효율 저하
Catalyst system efficiency below threshold(Bank1) |
> |---|---|
> | 발생가능원인 | 배기시스템에서 배기가스 누설
HO_2 sensor(bank 1 sensor 1,2) 불량
3원 촉매 컨버터 불량 |
>
> **정답** B

단어 **temporary information** 일시적인 정보 / **trim** 트림(세밀하게 제어한다는 의미) / **restrict**ed 제한 받는(부분 막힘을 의미) / **clogged** 막힌

UNIT 03

부록

ASE Style Question
A. General Diagnosis
B. Ignition System Diagnosis and Repair
C. Fuel, Air Induction and Exhaust Systems Diagnosis and Repair
D. Emissions Control Systems Diagnosis and Repair(Including OBD II)
E. Computerized Engine Controls Diagnosis and Repair(Including OBD II)

ASE Style Question 정답
Glossary
Words list

ASE Style Question

A. General Diagnosis

01. Which of the following is LEAST-likely to be caused low boost pressure at turbo charger system?

(A) Low engine compression

(B) Stuck open wastegate valve

(C) Severe oil contamination

(D) Loosen drive belt

02. Technician A says that a vacuum leak in intake manifold can make O_2 level higher than normal.
Technician B says that a vacuum leak in intake manifold can make engine be rough idle. Who is correct?

(A) A only

(B) B only

(C) Both A and B

(D) Neither A nor B

03. After performing a cylinder compression test, cylinder #3 and #4 shows low pressure readings on adjacent cylinders. Which of the following is MOST-likely cause of this test result?

(A) Burned valves

(B) Worn cylinder wall

(C) Leak intake manifold

(D) Blown cylinder head gasket

04.
Technician A says that a VVT system may decrease the overlap at high speed. Technician B says that a VVT system may advance the intake timing under heavy-load, high rpm condition to improve power. Who is correct?

(A) A only

(B) B only

(C) Both A and B

(D) Neither A nor B

05.
Technician A says blue smoke in exhaust pipe indicates a rich air fuel mixture. Technician B says that white smoke in the exhaust pipe indicates coolant leakage in the combustion chamber. Who is correct?

(A) A only

(B) B only

(C) Both A and B

(D) Neither A nor B

06.
In the figure, an engine is running properly, but the cooling fan is only inoperative.

Technician A says to inspect the section A whether the ground circuit of CTS is good or not.

Technician B says that if fan motor is grounded badly, this problem can occur. Who is correct?

(A) A only

(B) B only

(C) Both A and B

(D) Neither A nor B

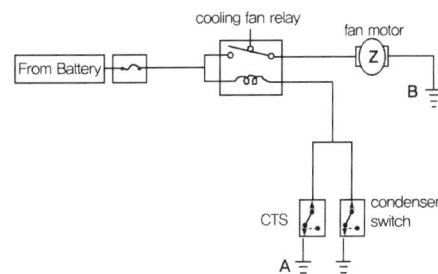

07. An engine starts to ping(knock) as soon as it reaches operating temperature but runs well during the warm-up phase.

Technician A says to use higher octane gasoline in order to correct the engine problem.

Technician B says to adjust to be advanced ignition timing. Who is correct?

(A) A only

(B) B only

(C) Both A and B

(D) Neither A nor B

08. While discussing a defective spark plug at #1 cylinder,

Technician A says that CO emissions would be higher than normal.

Technician B says that this problem can make poor fuel economy. Who is correct?

(A) A only

(B) B only

(C) Both A and B

(D) Neither A nor B

09. While performing an injector balance test on fuel injection engine,

Technician A says that a plugged injector will cause lower fuel pressure drop than normal.

Technician B says that shorted injector will cause higher fuel pressure drop than normal. Who is correct?

(A) A only

(B) B only

(C) Both A and B

(D) Neither A nor B

10. Technician A says that worn piston ring may cause a light clicking noise at idle rpm.

Technician B says that worn camshaft bearing may cause heavy thumping noise when the engine is started. Who is correct?

(A) A only

(B) B only

(C) Both A and B

(D) Neither A nor B

11. Technician A says that an excessive sulfur smell in the exhaust of a vehicle with a catalytic converter can be an indication of excessive blow-by gas.

Technician B says that a puff noise at regular intervals from tail pipe might indicates defective ignition system

(A) A only

(B) B only

(C) Both A and B

(D) Neither A nor B

12. A vacuum gauge connected to the intake manifold during idling fluctuates between 10~25in. Hg, which indicates _____.

(A) Exhaust manifold vacuum leaks

(B) Advanced ignition timing

(C) A restricted exhaust system

(D) Weak valve spring

13. As a result of a compression test, cylinder #2 has 80 psi, while the others have between 170 psi ~ 180 psi. Which of the following is the MOST-likely cause of low compression pressure?

    (A) Defective valve seal

    (B) Wrong valve timing

    (C) Exhaust manifold leak

    (D) Worn cylinder wall

14. During a cylinder leakage test, air comes out the throttle body assembly.
    Technician A says that piston rings may be worn.
    Technician B says that intake valve can be damaged. Who is correct?

    (A) A only

    (B) B only

    (C) Both A and B

    (D) Neither A nor B

15. The following is the result of compression pressures.

Cylinder #1	Cylinder #2	Cylinder #3	Cylinder #4
128 psi	130 psi	76 psi	132 psi

    A wet compression test shows that the pressure of cylinder #3 increases to 126 psi.
    Technician A says that worn piston rings can be the possible cause.
    Technician B says that excessive carbon deposit can make this test result. Who is correct?

    (A) A only

    (B) B only

    (C) Both A and B

    (D) Neither A nor B

16. Technician A says that excessive HC emissions may be caused by excessive lean air/fuel ratio.

Technician B says that excessive CO emission may be caused by dirty air filter. Who is correct?

(A) A only

(B) B only

(C) Both A and B

(D) Neither A nor B

17. Technician A says that part A is to control the current flow according to the amount of light.

Technician B says that part B is to emit light upon current flow. Who is correct?

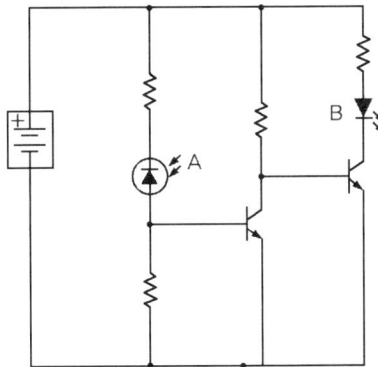

(A) A only

(B) B only

(C) Both A and B

(D) Neither A nor B

18. Technician A says that retarded timing reduces engine power and exhaust gas temperature will be decreased.

Technician B says that base timing on most DIS & COP ignition system is not adjustable. Who is correct?

(A) A only

(B) B only

(C) Both A and B

(D) Neither A nor B

19. A random misfire DTC(PO300) has been set on a V-6 port-injected engine. Technician A says that this DTC may be caused by a cracked spark plug insulator.

Technician B says that this DTC may be caused by a stuck -closed EGR valve. Who is right?

(A) A only

(B) B only

(C) Both A and B

(D) Neither A nor B

ASE Style Question

B. Ignition System Diagnosis and Repair

01. Technician A says that a defective camshaft position sensor can cause a no spark condition.
Technician B says that lower octane gasoline can cause detonation. Who is right?

(A) A only
(B) B only
(C) Both A and B
(D) Neither A nor B

02. Technician A says that an excessive rich air-fuel mixture could cause a cold fouled spark plug.
Technician B says that a cold fouled spark plug could be caused by excessive idling. Who is right?

(A) A only
(B) B only
(C) Both A and B
(D) Neither A nor B

03. Which of the following is the LEAST-likely to cause no start(no spark) problem?

(A) an open pick up coil.
(B) a defective ignition control module
(C) a open ignition coil
(D) overheated spark plug

04. Which of the following could the LEAST-likely to cause engine overheating?

(A) late ignition timing

(B) late valve timing

(C) lack of engine oil

(D) open stuck thermostat

05. At no start(no spark) engine, a technician found that there is no flutter of 12V test light connected from the negative primary terminal to ground during cranking. Which of the following is the MOST-likely to cause this problem?

(A) faulty ignition coil

(B) damaged spark plug wires

(C) cold fouled spark plug

(D) inoperative crankshaft position sensor

06. A customer complains a poor fuel economy and lack of power of his vehicle, which has electronic ignition system with EST. Which of the following is the MOST- likely to cause this problem?

(A) open EST wire circuit

(B) malfunctioning camshaft sensor

(C) faulty crankshaft position sensor

(D) inoperative ignition coil module

07. After using a scan tool to diagnose ignition problems, two technician are discussing about DTC P0335 - crankshaft position sensor A circuit.

Technician A says that crankshaft position sensor should be replaced.

Technician B says that crankshaft position sensor circuit could be open or short. Who is right?

(A) A only

(B) B only

(C) Both A and B

(D) Neither A nor B

08. Technician A says that carbon track in distributor is the result of a high resistance spark plug wire.

Technician B says that carbon track in distributor can cause intermittent misfire at cylinders. Who is right?

(A) A only

(B) B only

(C) Both A and B

(D) Neither A nor B

09. Technician A says that if the ignition timing is too far advanced, engine ping noise can be heard during acceleration.

Technician B says that the engine may overheat if the ignition timing is too far advanced. Who is right?

(A) A only

(B) B only

(C) Both A and B

(D) Neither A nor B

10. Technician A says that if the ignition timing is too far retarded, the engine can cause the lack of power and performance.

Technician B says that the burned exhaust valve may result from retarded ignition timing. Who is right?

(A) A only

(B) B only

(C) Both A and B

(D) Neither A nor B

11. While discussing ignition secondary scope pattern,

Technician A says that a higher than normal firing height may be caused by too wide spark plug gap.

Technician B says that a lean fuel mixture may cause a higher firing height than normal for all cylinders. Who is right?

(A) A only

(B) B only

(C) Both A and B

(D) Neither A nor B

12. After performing oscilloscope test for ignition system, the result is that the spark line is too short.

Technician A says that too closed spark plug gap is possible cause.

Technician B says that worn cap and rotor can cause too short spark line. Who is right?

(A) A only

(B) B only

(C) Both A and B

(D) Neither A nor B

13. Which of the following is the LEAST-likely cause of too short spark line?

(A) clogged fuel injector

(B) restricted fuel filter

(C) vacuum leak

(D) faulty fuel pressure regulator

14. If the spark line is too long, the possible causes include the all following EXCEPT _____.

(A) fouled spark plug

(B) too close spark plug gap

(C) shorted spark plug wire

(D) too lean air fuel ratio

15. Technician A says that a downward slopping spark line indicates a lean air fuel ratio.

Technician B says that an upward slopping spark line indicates the fouled spark plug. Who is right?

(A) A only

(B) B only

(C) Both A and B

(D) Neither A nor B

ASE Style Question

C. Fuel, Air Induction, and Exhaust System Diagnosis and Repair

01. A vehicle has longer cranking time than normal after one hour or longer parking.
Technician A says that the fuel pressure regulator may be leaking.
Technician B says that the fuel return line may be restricted. Who is right?

(A) A only

(B) B only

(C) Both A and B

(D) Neither A nor B

02. A fuel injection engine has a higher than specified idle speed with the engine at normal operating temperature. Which of the following is the LEAST likely cause of this problem?

(A) lower TPS signal

(B) intake manifold vacuum leak

(C) malfunctioning coolant temperature sensor(CTS)

(D) lean air fuel mixture

03. A customer complains about poor fuel economy. The engine operates properly, but there is black smoke from tail pipe during engine warm up.
Technician A says that fuel pressure may be higher than specification.
Technician B says that the fuel filter should be replaced. Who is right?

(A) A only

(B) B only

(C) Both A and B

(D) Neither A nor B

04. The scan tool shows that DTC is P0171 system too lean bank 1.
Technician A says that some injectors may be clogged.
Technician B says that some injectors may be dripping. Who is right?

(A) A only

(B) B only

(C) Both A and B

(D) Neither A nor B

05. Technician A says that if the gas cap is not tighten, MIL might be turned ON.
Technician B says that excessive contaminated fuel filter can result in hesitation during acceleration. Who is right?

(A) A only

(B) B only

(C) Both A and B

(D) Neither A nor B

06. Technician A says that if the ignition switch is ON for two seconds without cranking, the fuel pump stop running.
Technician B says that if fuel pump check valve stuck open, it can cause hard starting. Who is right?

(A) A only
(B) B only
(C) Both A and B
(D) Neither A nor B

07. Technician A says that TPS output voltage at WOT is usually about 10% of the TPS input voltage.
Technician B says that any glitch in waveform of TPS could cause hesitation during acceleration. Who is right?

(A) A only
(B) B only
(C) Both A and B
(D) Neither A nor B

08. Which of the following is MOST likely cause of high fuel pressure in fuel system?

(A) high intake manifold vacuum
(B) leaking fuel pump check valve
(C) restricted fuel return line
(D) excessive contaminated fuel pump filter

09. Technician A says that if wastegate is stuck open, turbocharger boost pressure will be reduced.
Technician B says that damaged turbocharger bearing will reduce turbocharger boost pressure. Who is right?

(A) A only

(B) B only

(C) Both A and B

(D) Neither A nor B

10. What is the maximum variation between injectors while performing a fuel injector pressure drop test?

(A) 10kPa(1.5psi)

(B) 30kPa(4.5psi)

(C) 50kPa(7.5psi)

(D) 70kPa(10.5psi)

11. What is the most likely cause that the idler air(IAC) control valves is open further than specification?

(A) A intake manifold leak

(B) An open PCV valve

(C) A defective air flow sensor

(D) Throttle plate contamination

12. The vacuum leak problem can produce the following driveability symptoms EXCEPT _____.

(A) Rough idle

(B) Overheating

(C) Knocking

(D) Hesitation

13. While discussing STFT and LTFT numbers,

Technician A says that a short term fuel trim(STFT) is set to minimize emission output by the PCM.

Technician B says that the negative numbers on the long-term fuel trim(LTFT) indicate the PCM is adding fuel to the air-fuel mixture to try 14.7:1 ratio. Who is right?

(A) A only

(B) B only

(C) Both A and B

(D) Neither A nor B

14. Which of the following would not cause a hard starting problem on a port injection engine?

(A) Contaminated injectors

(B) A leaking fuel pressure regulator

(C) A defective MAF sensor

(D) A defective oxygen sensor

ASE Style Question

D. Emissions Control Systems Diagnosis and Repair

01. Technician A says that a stuck open PCV valve can cause higher idle speed than normal on a fuel-injection engine.
Technician B says that excessive crankcase pressure forces blowby gases into the air filter housing. Who is right?
(A) A only
(B) B only
(C) Both A and B
(D) Neither A nor B

02. A vehicle has DTC P0440 Evaporative system fault.
Technician A says that the charcoal canister may be cracked.
Technician B says that EVAP vent and purge solenoid valve may be defective. Who is right?
(A) A only
(B) B only
(C) Both A and B
(D) Neither A nor B

03. Technician A says that restricted exhaust passage under the EGR valve can cause high NOx emission.

Technician B says that restricted radiator may cause high NOx emission. Who is right?

(A) A only

(B) B only

(C) Both A and B

(D) Neither A nor B

04. Technician A says that a differential pressure feedback electronic(DPFE) sensor sends an digital voltage signal to the PCM in relation to exhaust gas flow. Technician B says that if the EGR exhaust passages are restricted with carbon deposit, and the EGR flow is reduced, the DPFE sensor informs the PCM regarding the improper EGR flow and a DTC is set in the PCM. Who is right?

(A) A only

(B) B only

(C) Both A and B

(D) Neither A nor B

05. Technician A says that the charcoal canister can become saturated with gasoline by excessive fuel level in the fuel tank.

Technician B says that the EVAP system monitor opens the purge valve and the fuel tank pressure sensor monitors the leak down rate. Who is right?

(A) A only

(B) B only

(C) Both A and B

(D) Neither A nor B

06. Technician A says that secondary air injection systems pump air into the exhaust ports at normal operating temperature.
Technician B says that AIR system deliver air to the catalytic converter during engine warm-up. Who is right?

(A) A only

(B) B only

(C) Both A and B

(D) Neither A nor B

07. Technician A that frequent stalling can be caused by the stuck opened EGR valve. Technician B says that the partially opened EGR valve can cause poor engine performance on acceleration. Who is right?

(A) A only

(B) B only

(C) Both A and B

(D) Neither A nor B

08. Technician A says that if the EGR valve is to hold vacuum and the engine is still running well, the exhaust passage must be blocked.
Technician B says that if the EGR valve will not hold vacuum, the EGR valve may be defective. Who is right?

(A) A only

(B) B only

(C) Both A and B

(D) Neither A nor B

09. In operation on a running engine,

Technician A says that the PCV valve allows only a small volume of air to flow through during idle.

Technician B says that if the PCV valve sticks in the wide open position, the rough idle condition in the engine operation can occur. Who is correct?

(A) A only

(B) B only

(C) Both A and B

(D) Neither A nor B

10. Which of the following is LEAST likely condition of operating the purge solenoid in EVAP system?

(A) Vehicle speed

(B) Engine temperature

(C) Idle speed

(D) Open loop

11. Technician A says that if HC and CO are high and CO_2 and O_2 are low, air fuel mixture must be too lean.

Technician B says that random misfires will cause the same result above. Who is right?

(A) A only

(B) B only

(C) Both A and B

(D) Neither A nor B

12. What is the most likely cause of the internally melted catalytic converters?

(A) Knocking

(B) Detonation

(C) Rich air fuel ratio

(D) An ignition misfire

13. Technician A says that positive-back pressure EGR valves need exhaust back pressure to function.

Technician B says that a partially clogged EGR passage could cause the vehicle to fail an emission test for NOx. Who is right?

(A) A only

(B) B only

(C) Both A and B

(D) Neither A nor B

14. While discussing EGR valve diagnosis,

Technician A says that a defective knock sensor may affect the EGR valve operation.

Technician B says that a defective manifold absolute pressure(MAP) sensor may affect the EGR valve operation. Who is right?

(A) A only

(B) B only

(C) Both A and B

(D) Neither A nor B

15. While discussing EVAP system,

Technician A says that a leak detection pump(LDP) pressurizes the EVAP system and checks for leaks with the fuel tank pressure sensor.

Technician B says that the fuel tank pressure sensor can be mounted on the fuel pump module and measure vacuum and pressure at the tank. Who is right?

(A) A only

(B) B only

(C) Both A and B

(D) Neither A nor B

ASE Style Question

E. Computerized Engine Controls Diagnosis and Repair

01. Technician A says that if an exhaust manifold is cracked, O_2 sensor send the signal of lean fuel condition to the PCM.
Technician B says that the PCM will try to increase the injection pulse. Who is right?
(A) A only
(B) B only
(C) Both A and B
(D) Neither A nor B

02. Technician A says that if an engine is getting to overheat, the internal resistance of CTS will decrease and it sends low voltage signal to PCM.
Technician B says that PCM received this signal will try to increase injector pulse. Who is right?
(A) A only
(B) B only
(C) Both A and B
(D) Neither A nor B

03. Technician A says that if a knock sensor signals a detonation condition, the PCM will control to retard ignition timing.

Technician B says that detonation is normally caused by low octane fuel or engine overheat. Who is right?

(A) A only

(B) B only

(C) Both A and B

(D) Neither A nor B

04. When discussing a Type A misfire monitoring,

Technician A says that a Type A misfire could cause immediate catalytic converter damage.

Technician B says that the PCM may shut off the fuel to misfiring cylinder to limit catalytic converter heat. Who is right?

(A) A only

(B) B only

(C) Both A and B

(D) Neither A nor B

05. Technician A says that the fuel system monitor checks short-term fuel trim(STFT) and long term fuel trim(LTFT) while the PCM is operating in open and closed loop. Technician B says that a short-term adaptive value of 1.25 means that the pulse width of the injector was lengthened by 25%. Who is right?

(A) A only

(B) B only

(C) Both A and B

(D) Neither A nor B

06. Technician A says that it is normal that the voltage frequency increase on the downstream HO$_2$S.

Technician B says that when the downstream HO$_2$S sensors voltage signals reach a certain frequency, the MIL is illuminated. Who is right?

(A) A only

(B) B only

(C) Both A and B

(D) Neither A nor B

07. Technician A says that most intermittent problems are caused by faulty electrical connections or wiring.

Technician B says to wiggle the wire harness to fine the electrical problem after a digital multimeter is connected to the suspected circuit. Who is right?

(A) A only

(B) B only

(C) Both A and B

(D) Neither A nor B

08. Technician A says that a voltage drop test is a quick way of checking the condition of any wire.

Technician B says that poor grounds can allow noise to be present on the reference voltage signal. Who is right?

(A) A only

(B) B only

(C) Both A and B

(D) Neither A nor B

09. Which of the following is the LEAST likely cause for misfire monitor failure on an OBD-II system?

(A) restricted fuel filter

(B) defective fuel injector

(C) faulty secondary ignition circuit

(D) defective downstream oxygen sensor

10. At a six cylinder port injection engine, a scan tool detects a DTC P0172 system too rich(bank 1). Which of the following is the LEAST likely cause?

(A) high fuel pressure

(B) faulty MAP sensor

(C) defective CTS(coolant temperature sensor)

(D) a restricted fuel filter

11. A V6 fuel-injected engine has a severe surging problem only at speeds above 50 mph. (80km/h). Engine operation is normal at idle and low speed. Technician A says that the partially open EGR valve can the possible cause. Technician B says that fuel injectors can be contaminated and clogged. Who is right?

(A) A only

(B) B only

(C) Both A and B

(D) Neither A nor B

12. Technician A says if the O_2 exhaust readings is over 2%, a lean air fuel mixture can be called.

Technician B says that low fuel pump pressure can be possible cause. Who is right?

(A) A only

(B) B only

(C) Both A and B

(D) Neither A nor B

13. Technician A says a slowly cranking engine is usually due to an open circuit in the cranking circuit.

Technician B says a no crank condition is usually due to low battery voltage. Who is right?

(A) A only

(B) B only

(C) Both A and B

(D) Neither A nor B

14. While diagnosing hesitation during acceleration,

Technician A says that a vacuum hose of MAP sensor may be damaged.

Technician B says that an short in throttle position sensor(TPS) can result in hesitation. Who is right?

(A) A only

(B) B only

(C) Both A and B

(D) Neither A nor B

15. Which sensor is to signal a misfire in the misfire monitoring system?

(A) a knock sensor

(B) a crank position sensor(CKP)

(C) a airflow sensor(AFS)

(D) a coolant temperature sensor(CTS)

16. A fuel-injected engine shows a stall problem as soon as the accelerator is depressed.

What is the LEAST likely cause of the stall problem?

(A) faulty coolant temperature sensor

(B) a defective throttle position sensor

(C) a low fuel pump pressure

(D) a excessively worn spark plug

17. What memory in the computer is used for storing codes and temporary information?

(A) ROM

(B) PROM

(C) EEPROM

(D) RAM

18. Which sensor is used by the fuel system monitor to make fuel trim calculation?

(A) Upstream HO₂S 11

(B) Upstream HO₂S 12

(C) Upstream HO₂S 11/12

(D) Downstream HO₂S 12/22

19. A port injected engine has DTC : P0172 System too rich(bank 1). This could be caused by _____.

(A) Low fuel pressure

(B) A restricted fuel filter

(C) A defective MAP sensor

(D) A clogged injector

20. A V6 engine shows DTC : P0420 Catalyst system efficiency below threshold . This could be caused by the following EXCEPT _____.

(A) a leaking exhaust system

(B) a defective upstream HO₂ sensor

(C) a defective downstream HO₂ sensor

(D) a melted three way catalytic converter

ASE Style Question 정답

No	A	B	C	D	E
1	D	C	A	C	C
2	C	C	D	C	D
3	D	D	A	C	C
4	D	D	A	B	C
5	B	D	C	A	B
6	B	A	C	D	D
7	A	B	B	C	C
8	B	C	C	C	C
9	C	C	C	C	D
10	D	C	A	D	D
11	B	C	D	D	B
12	D	B	D	D	C
13	D	D	A	C	D
14	B	D	D	B	C
15	C	D		C	B
16	C				A
17	C				D
18	B				C
19	A				C
20					B

Glossary

Air fuel ratio_ 공연비 실린더에 유입되는 공기와 연료 중량비. 가장 효율적인 공연비는 공기 14.7 : 연료 1이다.

AIR bypass solenoids_ AIR 바이패스 솔레노이드 2차 공기 인젝션 시스템에서 공기를 AIR 전환 솔레노이드 또는 대기로 연결시켜 주는 솔레노이드이다.

Advanced timing_ 진각 엔진 RPM 상승에 따라 점화시기가 빨라진다.

Air injection system_ 공기분사시스템 배기시스템에 공기를 분사하여 배기오염을 감소시키는 시스템

Back fire_ 역화 흡기 또는 배기시스템에서 들리는 굉음

Back pressure_ 배압 배기 시스템 안에서 어떤 간섭, 막힘 restriction 에 의해 발생하는 배기압력

Blow by gas_ 블로바이 가스 피스톤 링을 통과해서 크랭크케이스에 밀집하는 미연소 연료 또는 연소화합물

Boost pressure_ 부스트압 슈퍼차저나 터보차저에 의해 압축된 흡기매니폴드 내의 공기압

Camshaft_ 캠샤프트 밸브 메커니즘 mechanism 를 작용하는 일련의 캠으로 구성된 샤프트

Camshaft sensor_ 캠샤프트 센서 1번 피스톤의 위치를 컴퓨터에 전압시그널을 보내는 센서.

Catalytic converter_ 촉매 컨버터 유해한 가스 HC, CO, NOx 를 산화, 환원반응을 통해 무해한 가스 수증기, CO₂로 변환시켜 주는 장치

Crankshaft sensor_ 크랭크샤프트 센서 크랭크샤프트의 속도나 피스톤의 위치를 컴퓨터에 전압시그널을 보내주는 센서

Cylinder sleeve_ 실린더 보어 실린더 블록 안에 설치되어 실린더 보어를 형성한다

D

- **Detonation_** 데토네이션　스파크 플러그의 점화가 발생한 후 비정상적인 2차 점화가 발생하여 두 화염의 충돌로 생기는 폭발 및 폭발음
- **Distributor_** 배전기, 디스트리뷰터　점화 코일로 형성된 2차 고전압을 점화순서에 의해 각 스파크 플러그로 배분해 주는 장치
- **Dwell time_** 드웰　배전기에서 접점이 닫혀 있는 동안 배전기의 샤프트의 회전 각도

E

- **End play_** 엔드플레이　샤프트 shaft 가 하우징 housing 또는 케이스 case 안에서 움직이는 정도
- **EGR_** EGR Exhaust gas recirculation 은 엔진에서 NOx 발생을 감소시키기 위해서 연소가스를 EGR 밸브를 통해 연소실로 유입된다.
- **Emission_** 유해 배출 가스　배기가스에 함유되어 있는 유해 가스 예, 일산화 탄소 CO, 탄화수소 가스 HC, 질소 산화 가스 NOx

F

- **Flex plate_** 플렉스 플레이트　자동 변속기에서 엔진 동력을 토크 컨버터에 전달해 줄 수 있는 구동판 plate
- **Flywheel ring gear_** 플라이 휠 링 기어　스타터 모터의 피니언 기어와 맞물려 있는 플라이휠에 있는 링 기어

H

- **HEI_** HEI, high energy ignition　2차 전압을 35000V까지 상승하는 점화코일이다.
- **Hydraulic valve lifter_** 유압식 밸브 리프트　오일압력을 이용하여 리프터가 항상 캠 로브 lobe 에 접촉하여 밸브래시 조정이 불필요하게 해 준다.

I

- **Ignition coil_** 점화 코일　저전압을 고전압으로 승압시켜 스파크 플러그의 불꽃을 발생시키는 코일
- **Intercooler_** 인터쿨러　슈퍼/터보차저로부터 압축된 공기를 연소실에 유입되기 전에 식혀주는 열 교환기

N

NOx_ 질소산화물 질소 산화물이다. 연료비가 희박하거나 엔진과열일 때 많이 생성된다.

P

PCV system_ PCV 시스템, PCV Positive crankcase ventilation 시스템은 크랭크 케이스에 밀집되어 있는 미연소 가스를 PCV 밸브를 통해 흡기 매니폴드로 보내는 시스템이다

Piston clearance_ 피스톤 간극 피스톤 링과 실린더 벽간의 간극

Piston pin_ 피스톤 링 피스톤과 커넥팅 로드를 연결시켜주는 핀. 피스톤 핀의 장착 불량 시 더블 노크 노이즈가 발생할 수 있다

Plastigage_ 플라스틱 게이지 메인 베어링 등 간극을 측정할 수 있는 플라스틱

Preignition_ 조기 점화 스파크 플러그에 의한 점화가 발생하기 전 카본 퇴적물, 엔진과열, 저 옥탄가 연료 등에 의해 비정상으로 조기 점화하는 것을 말한다.

Pressure relief valve_ 압력 릴리프 밸브 펌프 내에서 과다한 압력이 형성될 때, 밸브가 열려 압력을 낮추어 지는 밸브

Primary circuit_ 점화 1차 회로 점화 시스템에서 저전압을 형성하는 회로

R

Reluctor_ 릴럭터 점화시스템에서 픽업 코일 pick up coil 에서 전압 시그널을 발생시켜주는 로터.

Retard timing_ 점화 지각 지각, 노킹이 발생하면 컴퓨터는 점화시기를 늦춘다

Ring ridge_ 링 리지 피스톤 벽 상부에 위치한 돌출부. 실린더 벽은 피스톤 링에 작동에 의해 마멸되지만, 피스톤 벽 상부는 마멸이 적어 상대적으로 돌출됨

Rocker arm_ 로커 암 캠이나 푸시로드의 운동을 밸브에 전달시켜주는 레버이다

Roller tappet_ 롤러 태핏 롤러가 있는 밸브 리프트, 캠과의 마찰을 감소시켜준다.

S

Short circuit_ 단락 회로 전기회로에서 전류가 정상 결로가 아닌 단축된 경로를 통해 과다한 전류가 흐르는 회

로이다.

Supercharger_ 슈퍼 차저   엔진 동력을 이용하여 부스트 압력을 상승시켜주는 장치이다.

T

Thermostat_ 서모스탯   냉각시스템에서 엔진 내에 있는 냉각수를 설정된 온도에 따라 라디에이터로 순환시켜주는 일종의 밸브이다. 서모스탯이 고장 나면 엔진성능이 저하한다

Three-way catalytic converter_ 3원 촉매 컨버터   HC, CO, NOx를 감소시켜주는 배기가스 정화 장치

Thrust bearing_ 스러스트 베어링   크랭크샤프트의 회전 축 axis 과 평행한 힘을 흡수하는 베어링. 이 간극이 크면 노킹 노이즈 발생과 베어링 조기 마모가 발생한다

Turbocharger_   터보차저   배기가스를 이용하여 부스트 압을 생성하는 장치. 주기적 오일 교환, 웨이스트게이트 작동상태, 터보샤프트 원활한 회전 등이 중요하다

V

Vacuum_ 진공   대기압보다 낮은 압력. 또는 부압 負壓 이라 부른다.

Vapor lock_ 베이퍼 록   연료 탱크의 가솔린에 기포를 발생하여 연료펌프의 정상적인 연료 공급에 방해를 초래하는 현상

valve guide_ 밸브가이드   실린더 헤드에 장착되어 밸브의 작동을 말 그대로 가이드 해준다. 밸브가이드 간극이 너무 크면 오일소모가 심하고, 작으면 밸브간섭이 발생한다.

Valve overlap_ 밸브 오버랩   흡기밸브와 배기밸브가 동시에 열리는 밸브 구간. 고속 주행 시 밸브오버랩을 통해 체적 효율을 향상시킬 수 있다.

Valve rotator_ 밸브 로테이터   흡기, 배기 밸브가 열릴 때 조금씩 회전시켜주는 부품. 밸브는 회전함으로서 열 분산을 도와주고, 카본 퇴적물이 적층되는 것도 방지한다.

Valve seat_ 밸브 시트   실린더 헤드에서 밸브페이스와 접촉하는 면, 밸브시트 파손되면 밸브 리크가 발생한다. 밸브시트의 진원도, 면적, 가공 각도가 중요하다.

valve spring_ 밸브 스프링   밸브는 캠의 로브에 의해 열리고, 밸브스프링에 의해 닫힌다. 밸브스프링의 평면도, 자유장 길이, 장력 측정이 중요하다.

𝒲

Wastegate_ 웨이스트게이트 터보차저 시스템에서 부스트 압의 지나치게 상승하면 웨이스트게이트가 열려 배기가스가 바이 패스함으로서 부스트 압 상승을 제어한다.

Water jacket_ 워터 재킷 실린더 헤드와 블록에서 냉각수가 순환할 수 있는 통로

Water pump_ 워터 펌프 냉각 시스템에서 냉각수를 순환시켜 주는 펌프 내부의 베어링이 손상되면 노이즈가 발생하고, 실링이 파손되면 누유가 발생한다.

Words list

A

a fixed resistor_ 고정 저항
a ground_ 접지
a variable resistor_ 가변 저항
a variable voltage output_ 가변 전압 출력
according to_ ~ 따라서
actuator_ 액추에이터
adjacent cylinder_ 인접한 실린더
adjustment_ 조정
after performing_ 실시 후
allowing_ 허용하는
an indication_ 암시
an individual_ 개별적인
application_ 신청
as a result_ 결과
as soon as_ ~ 하자마자
ascertain_ 확인하다
ascertaining_ 식별하다
attached to_ ~에 연결된

B

be stuck_ 고착되어 있다
be varied_ 변화될
blocked_ 막힌
blue smoke_ 청색 연기
burned_ 불에 탄

C

carbon deposit_ 탄소 퇴적물
cause_ 원인
certain pressure_ 특정 압력
clogged_ 막힌
combustion chamber_ 연소실
comes from_ ~로부터 나온다
compared to_ ~에 비례하여
compensating_ 보상하다
computer controlled_ 컴퓨터 제어
condition_ 조건
conditioned_ 조건화시키는
contamination_ 오염
continue_ 계속하다
contribution_ 조력, 공헌
controlled_ 제어되는
converted_ 변환되는
correct_ 조정하다, 수정하다
critical_ 결정적인
current flow_ 전류 흐름
customer_ 고객

D

decrease_ 감소시키다
defective_ 결함 있는
deficiency_ 결함
depending on_ ~따라
detecting_ 검출
deteriorate_ 악화시키다
determine_ 결정
diagnose_ 진단
digital signal_ 디지털 신호

dirty_ 더러운
dripping_ 떨어지는

E

elimination_ 제거
emission_ 유해가스
emit_ 발산하다
excessive sulfur_ 지나치게 많은 황 냄새
excessive_ 지나친
exhaust pipe_ 배기 파이프

F

faulty_ 결함 있는
feedback_ 피드백
fluctuate_ 상하로 흔들리다
flutter_ 반짝거리다
further than specification_ 규격보다 더 많이

G

glitch_ 글리치(한순간 나타나는 잡음 펄스)

H

have published_ 발행되어 오다.
HC problems_ HC 문제
higher than normal_ 정상보다 높은

I

identify_ 식별하다
improve_ 증가시킨다
including_ 포함하는
increase_ 증가시키다
indicate_ 암시한다
individually_ 개별적으로
information_ 정보
injector_ 인젝터
inoperative_ 고장 난
inspect_ 검사하다
intermittent_ 간헐적인
is connected to_ ~ 연결되어 있다
is disabled_ 불능되다
is disconnected_ 분리된
is grounded badly_ 불량하게 접지되어 있다
is not tighten_ 단단하게 잠겨 있지 않은
isolate_ 분리시키다

K

keep monitoring_ 계속 모니터링 한다
kill the spark_ 불꽃을 차단하다

L

leaking injectors_ 누유하는 인젝터
lean fuel mixture_ 희박한 공기 연료혼합가스
lower octane gasoline_ 저 옥탄가 가솔린

M

maintain_ 유지하다, 유지시키다
malfunctioning_ 고장 난
maximum variation_ 최대 편차
may advance_ 진각시킬

수도 있다
may decrease_ 감소시킬 수도 있다
mechanical device_ 기계 장치
method_ 방법
monitor_ 모니터하다
most manufactures_ 대부분 제조사들
movable contact_ 가동 접점

N
negative numbers_ 음수
no injector pulses_ 인젝션 분사가 없는
no spark condition_ 전혀 스파크가 발생하지 않는 상태
normal firing height_ 정상 점화 높이
NOx_ 질소 산화물

O
octane_ 옥탄가

oil return passage_ 오일 리턴 통로
on the other hand_ 다른 한편으로는
open pick up coil_ 단선된 픽업 코일
open stuck_ 열린 채 고착된
opening angle_ 열림 각도
operating_ 작동하는
overlap_ 오버랩

P
perform_ 수행하다
performance_ 성능
phase_ 단계
plugged injector_ 막힌 인젝터
point to_ ~로 지시하다
poor gas mileage_ 연비 악화
poor spray patterns_ 불량한 분사 패턴
position_ 위치
possible cause_ 가능 원인
potentiometer_ 포텐셔미터
power input_ 파워 입력

pressure drop_ 압력 강하
prevent_ 방지하다
process_ 방법
properly_ 적절하게
provide_ 제공하다
pull ~ out of valve cover_ 밸브 커버로 부터 분리하다

R
random misfire_ 무작위 실화
rapidly_ 빠르게
reach_ 도달하다
reading_ 지시값
receive_ 수신하다
recognize_ 인식하다
reduce_ 감소시키다
regular intervals_ 규칙적인 간격
removing_ 제거하는
resistance_ 저항
resistive sensors_ 저항 센서
restricted_ 막힘 불량이 있는
results in_ 결과를 낳다
retarded_ 지각된
retarded timing_ 점화 지각

rich mixture_ 농후한 공연비
rotated_ 회전되는
rough idle_ 불안정한 공회전

S

sensor_ 센서
shorted injector_ 단락된 인젝터
should be replaced_ 교체되어져야 한다
shut-down_ 중지, 폐쇄
significant_ 중요한
slide_ 슬라이드하다
specification_ 규격
specified_ 특정의
spray pattern_ 스프레이 패턴
stop running_ 작동을 멈춘다
stuck closed_ 닫힌 채 막힌
stuck open_ 열린 채 고착된
suspect_ 의심이 가다
system pressure_ 시스템 압력

T

the most likely cause_ 가장 유력한 원인
the pointer_ 바늘 지침
the result of_ ~의 결과
there are no change_ 변화가 없다
to identify_ 식별하기 위하여
too lean_ 지나치게 희박한
too narrow_ 지나치게 좁은

U

unplugged_ ~에서 마개[플러그]를 뽑다

V

vacuum gauge_ 진공 게이지
variable voltage_ 가변 전압
vary_ 변화시키다
vehicle_ 자동차

W

while performing_ 실시하는 중에
will be decreased_ 감소될 것이다
without cranking_ 크랭킹 없이
WOT wide of throttle_ 스로틀 밸브가 완전히 열린 상태

저자약력 및 Q&A

정 경 원

e-mail: beasemaster@naver.com

[학력]
한국항공대학교 항공재료공학과 학사
BCIT (British Columbia Institute of Technology) 자동차 정비과 (AST) 준학사

[경력]
前) 두원정공 품질보증과 – 디젤 인젝터 노즐
前) 한국로버트 보쉬기전 QA 보증부 – 가솔린 연료 펌프

[자격증]
자동차 정비 기사
자동차 검사 기사
ASE 마스터 (ASE Master, ASE A1 ~ A8 보유)
ASE 고급 엔진성능 진단분석 (ASE L1 Advanced engine performance)

[저서]
자동차 기술 영어
ASE WORKBOOK 시리즈

미국(수입)자동차정비자격증 수험서 ASE WORKBOOK A8 Engine Performance

초판인쇄 | 2014년 3월 3일
초판발행 | 2014년 3월 10일

지 은 이 | 정 경 원
발 행 인 | 김 길 현
발 행 처 | 도서출판 골든벨
등   록 | 제 3-132호(87. 12. 11)   ⓒ 2014 Golden Bell
I S B N | 979-11-85343-39-6
가   격 | 19,000원

이 책을 만든 사람들

본문 디자인	최동규	표지 디자인	최동규
진 행	최병석	온라인 마케팅	안재명
오프라인 마케팅	우병춘, 강승구	공 급 관 리	오민석, 김경아, 김미영

㉾140-100 서울특별시 용산구 백범로 90라길 14(문배동 40-21) • TEL : 영업부 02-713-4135 / 편집부 02-713-7452
• FAX : 02-718-5510   • http : // www.gbbook.co.kr   • E-mail : 7134135@ naver.com

이 책에서 내용의 일부 또는 도해를 다음과 같은 행위자들이 사전 승인없이 인용할 경우에는
저작권법 제93조 「손해배상청구권」에 적용 받습니다.
 ① 단순히 공부할 목적으로 부분 또는 전체를 복제하여 사용하는 학생 또는 복사업자
 ② 공공기관 및 사설교육기관(학원, 인정직업학교), 단체 등에서 영리를 목적으로 복제배포하는 대표, 또는 당해 교육자
 ③ 디스크 복사 및 기타 정보 재생 시스템을 이용하여 사용하는 자

※ 파본은 구입하신 서점에서 교환해 드립니다.